처음 만드는

강구조건축 모형

김 종 성

기문당

머리말

강구조는 구조상의 명확함·시공상의 간편함과 함께 공사기간의 단축이나 공사현장의 에너지 절약이 가능한 점 등 우수한 특징을 갖고 있다. 또한 소규모의 주택에서, 공장, 사무실, 초고층의 빌딩에 이르기까지 폭넓게 보급이 되고 있다.

최근에 와서 선진외국에서는 강구조의 시스템화를 통해서 품질이 우수한 중저층 강구조 건물들을 공기단축과 공사비용의 절감 등의 장점을 잘 살린 조립식 구법으로 많이 보급이 되고 있다.

국내에서는 아직 지진의 영향으로 건물의 피해보고가 많이 되고 있지는 않지만, 가까운 일본의 경우에는 1995년 직하형 지진이었던 고베지진에서는 평소 해구형 지진에서는 발생하지 않았던 중저층의 강구조 건물의 피해가 많이 보고되었다. 그 이유 중의 하나로 분석된 것을 보면, 구조체의 제작의 대부분을 공장에서 작업을 하므로 현장에서 강재나 건물을 관리하는 건축기술자들의 강구조에 대한 지식 부족을 들고 있다.

이 책에서는 강구조를 배우는 학생들을 대상으로 강구조 건물의 모형제작을 하는 각 공정에서 관련지식의 체계적인 이해를 자연스럽게 촉진하고자 하며, 제작공장이나 건축현장에서의 강구조의 기본이 되는 구조 및 관련지식을 학습할 수 있도록 실무적인 내용과 학문적인 내용의 적절히 보완이 된 교재이다.

이 책의 특징은, 풍부한 그림과 사진에 의해 공장제작이나 현장시공의 순서에 따라 모형을 조립해 감으로써, 단기간에 흥미를 갖고 공정의 흐름을 개략적으로 파악할 수 있다는 데 있다. 또한 부재의 절단, 조립을 반복함으로써 부재구성 및 명칭을 이해할 수 있고, 그 공정에 관한 기본적인 지식도 병행해서 학습할 수가 있다.

따라서 이 책은 건축을 처음 배우는 사람이나 강구조 관련 시험을 준비하는 사람, 시공관리업무에 종사하는 사람들이 강구조에 관한 기초지식을 단기간에 학습할 수가 있다. 또한 대학, 전문대학 및 고등학교의 학생이나 강구조에 관한 학습 및 연수교재로서도 적당하다.

이 책이 지금부터 강구조를 배우려는 사람들의 모형제작을 통한 구법에 대한 학습에 도움이 될 것으로 믿고 추천을 하는 바이다.

끝으로 이 책이 완성되도록 도와준 대학원생 박장석 군과 이재형 군, 기문당의 강해작 사장님을 비롯한 여러분께 깊은 감사를 드린다.

2008년 11월

김 종 성 識

차 례

시작하기 전의 예비지식

[모형의 개요]

구조 : 강구조 길이방향(X, 강축) 라멘구조/ 보 방향(Y, 약축) Brace구조

층수 및 용도 : 사무소 및 창고(2층)

규모 : Scale 1/20, 가로 45, 세로 30, 높이 38cm 정도

사용재료 : A4 Size 두께 5mm 2장, 두께 1mm 1장(폼(foam)보드), 부품도 참조

[본문 보는 방법]

전부 16공정으로 되어 있고, 그 주요 공정의 흐름은, 모형제작 준비, 강구조 부재의 공장 제작, 현장조립의 순서로 되어 있다.

각 공정에서는 기본적으로 모형제작의 힌트와 실제 시공 상황, 모형제작 순서를 설명하고 있다. 모형제작의 포인트나 힌트를 참고로 하여 제작순서에 따라 모형을 만들면 된다. 또한 제작공정 중에서 중요한 내용은 각 공정 후에 "전문지식"에 대해 정리하고 있다.

[강구조모형의 공정]

강구조 공정의 특징은, 대부분의 부재를 공장에서 제작한 후, 트럭으로 현장에 반입하여 구조체를 조립하고 있다. 이 책에서의 공장제작 공정도 크게 강구조 공장제작편과 건축현장 시공편으로 나누어 설명한다.

강구조 공장제작편은 실제 공장의 제작공정과 다소 차이가 있지만, 실제 시공순서에 따르고 있다. 공정명칭 앞의 숫자는 이 책에서 설명하고 있는 공정번호를 나타낸다.

〈강구조 공장제작편〉

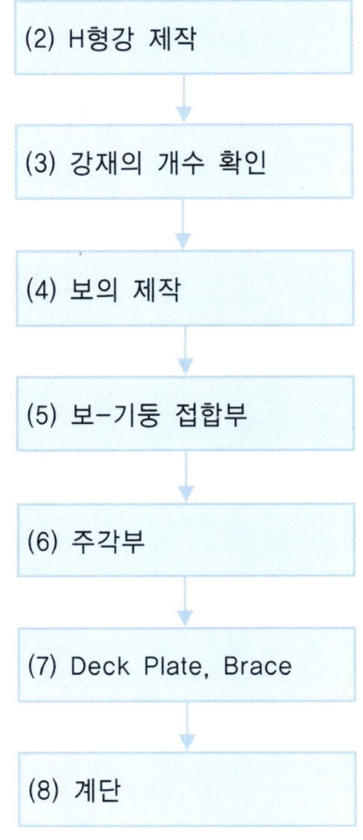

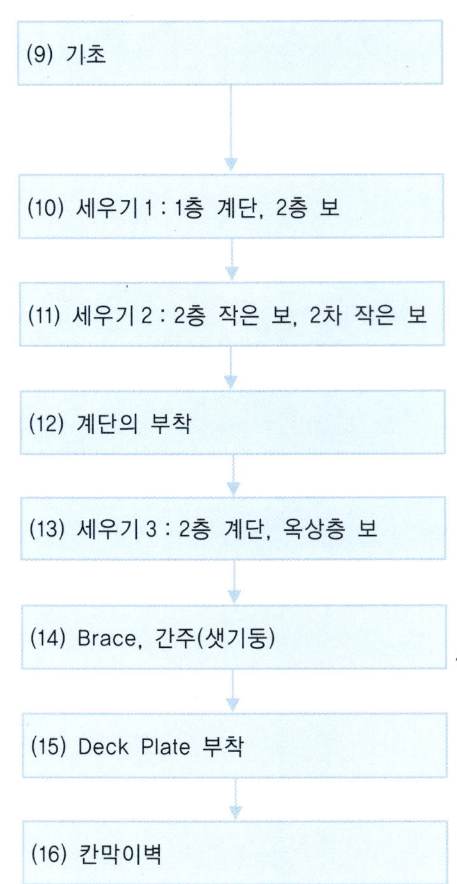

〈강구조 모형 조립 순서〉

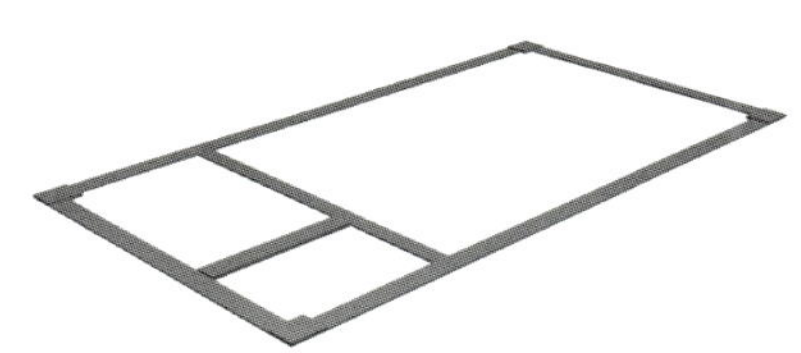

1. 기초

2. 기둥세우기

3. 1층 Girder 설치

4. 1층 샛기둥 설치

5. 옥상 Girder 설치

6. 옥상 Beam/Brace 설치

7. 중도리 설치

8. 계단 설치

9. 데크플레이트 설치

10. 완성모형

CHECK POINT

강구조의 구조도에는 보복도, 단면도, 라멘상세도 등이 있고, 강구조 부재의 위치관계를 판별하기 위해 영(英語) 문자를 이용한 부호를 이용한다.

[관통 축 부호(라멘조)]

관통 축은 X방향이나 Y방향은 왼쪽에서 오른쪽으로, Z방향은 밑에서 위로, 영문자를 이용해서 표기한다.

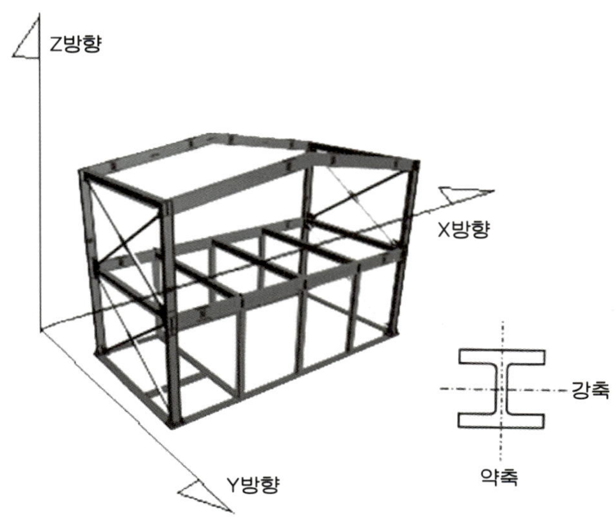

강축방향은 변형에 강하고 라멘구조로서 이용되고, 약축 방향은 변형에 약하고 그것을 보충하기 위해 보통은 Brace구조로 한다.

[도면의 종류와 개요]

(평면도)

건물의 각 층의 방 배치와 부지, 도로 등을 나타내기 위해, 적당한 높이의 수평면으로 절단해서 표시하는 도면이다.

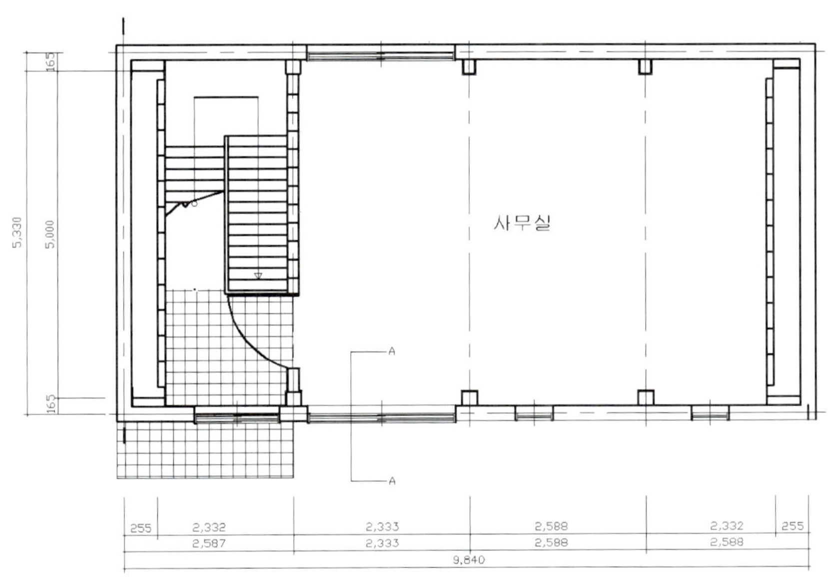

1층 평면도

(보복도)

건물의 골조형상을 나타내기 위해서 표면마감재를 제외한 구조적으로 골조를 평면으로 나타낸 도면이다.

(복도의 예)

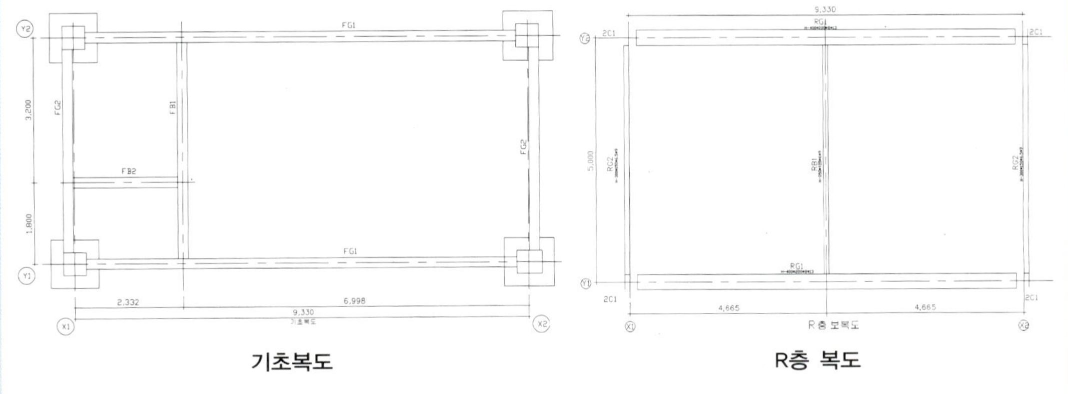

기초복도 R층 복도

(골조도)

건물의 골조형상을 나타내기 위해서 구조적으로 골조를 입면으로 나타낸 도면이다.

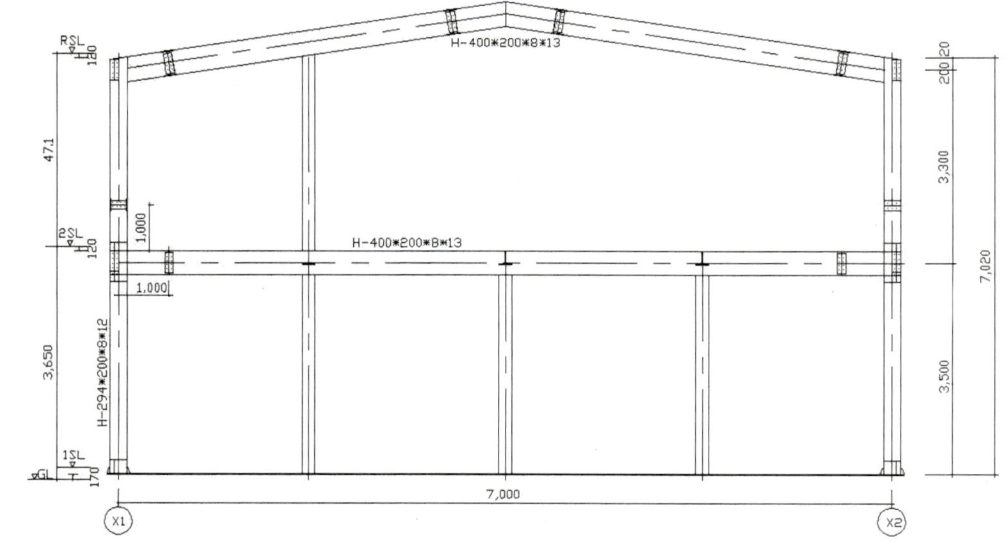

Y방향 라멘상세도

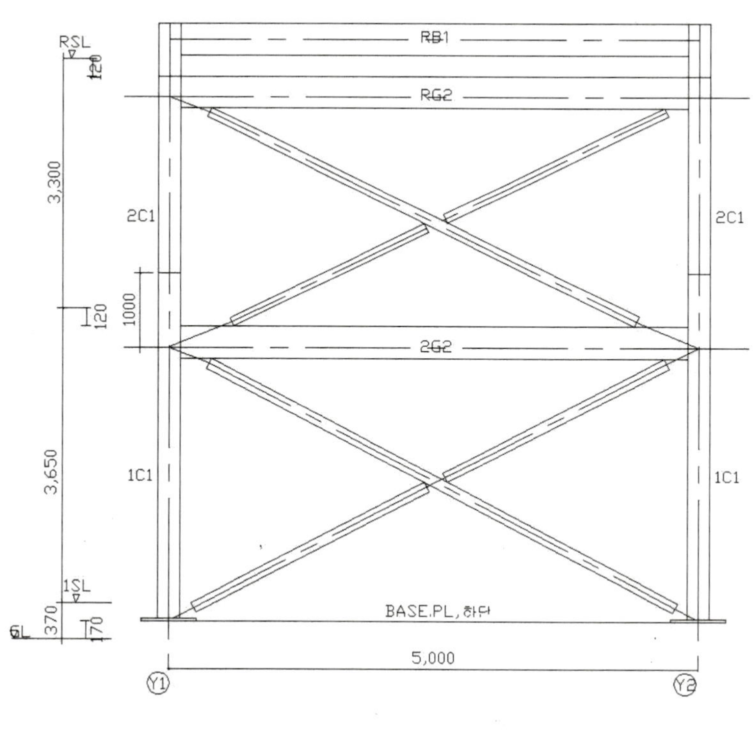

X방향 라멘상세도(Brace)

모형제작 공정

(1) 모형제작 준비 ; (Point) 폼(foam)보드는 두께가 있으므로 Cutter의 날은 보드(board)에 대해서 수직이 되도록 잘라내야 한다. 몇 번인가 연습해서 부재를 절취해 보자.

1. 준비물

* Cutter Knife
* Steel 자(철자)
* 스치렌보드용 접착제
* 간단히 붙였다 뗄 수 있는 풀(Spray 풀)
* 임시고정용 테이프(Drafting Tape, Masking Tape 등)
* 부품보관용 상자
* Cutting Mat 또는 두꺼운 종이
* 집개용 핀셋
* 핀(針, 임시고정용)

2. 부품도를 폼(foam)보드에 붙이기

No.1 ~ No.3의 부품도를 폼보드에 Spray풀을 약 30cm 높이에서 가볍게 균일하게 뿌린다.

3. 폼보드의 절단

Cutting Mat위에서, Cutter Knife와 Steel자를 이용해서 임시 고정된 부품도 위에서 폼보드를 절취한다. 폼보드는 두꺼우므로 절취할 때는 처음에는 가볍게 자른 후에, 두 번째에는 한 번 만에 잘라낸다. 또한 부품도의 종이는 부품을 절단한 후에 벗겨낸다. 부품절취에 실패한 경우는 폼보드의 여백을 활용한다.

4. 부품도의 Marking부분의 취급요령

부품도에는 O표시의 marking이 있는 부재가 있다. 이 marking부분은 다른 부재의 접합 위치를 표시한 것이다. 폼보드에 marking을 전기(轉記)하는 경우와 부재용지 뒷면에

marking위치를 전기하는 경우가 있다. 어느 경우이든지 침(針)을 이용해서 구멍을 뚫어서 표시로 이용한다.

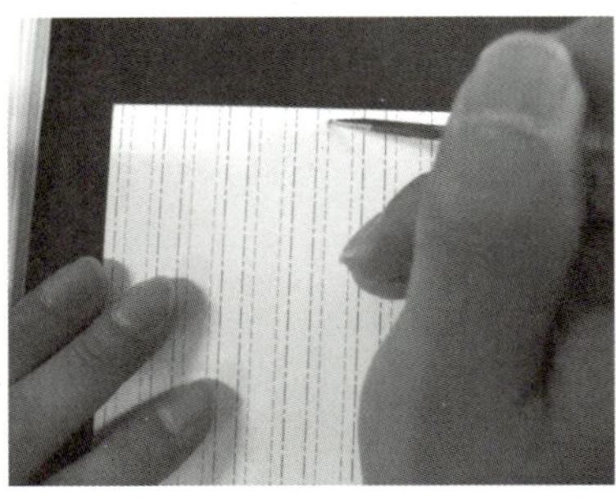

5. 부품도의 접착

부품도의 접착에는 폼보드용 접착제를 이용한다. 접착할 때까지 drafting tape나 masking tape로 임시로 고정한 후에 붙이면, 정확하게 접착할 수 있다.

6. 계곡선과 산허리선

계곡선은 파선(波線)(- - - - - - - - - - - - - -)으로, 산허리 선은 일점쇄선 (—·—·—·—·—)으로 표시한다. 계곡선은 침(針)으로 위치를 뒷면에 전기한 후에, 그 구멍을 표시로 해서 Cutter Knife로 가볍게 자른다(1/2만 잘라서 접기 쉽도록 해둔다). 산 허리선은 인쇄면의 산허리 선을 따라 가볍게 잘라둔다(1/2만 자른다).

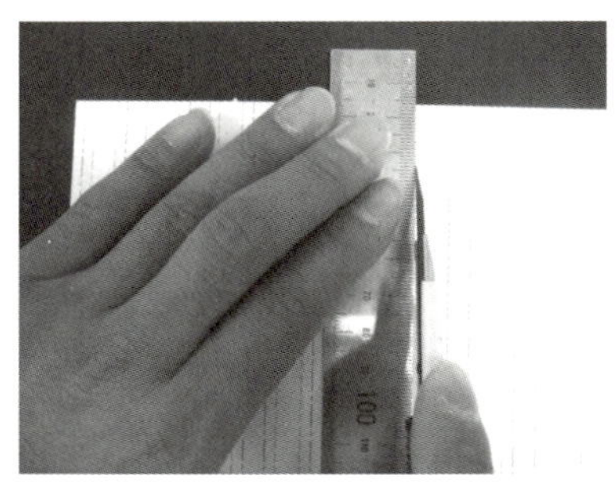

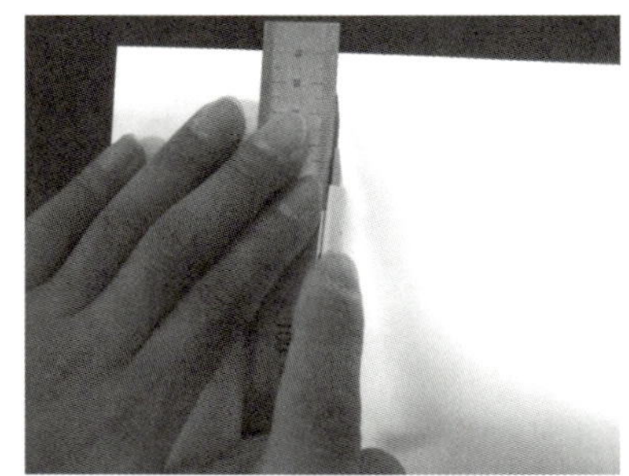

CHECK POINT

각 부재의 명칭, 부호

기억해 둘 것은 구조체의 명칭과 그 도면에 이용되는 부호이다.

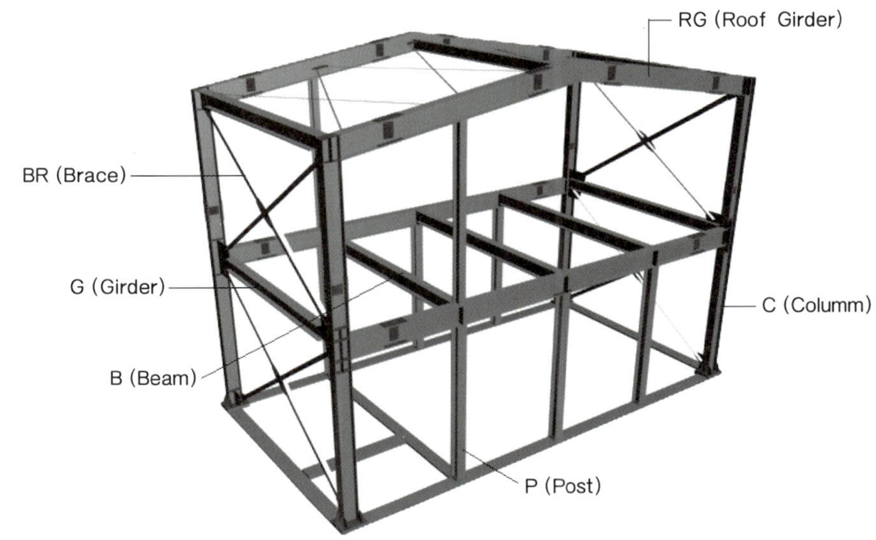

기타 부재의 명칭 및 부재기호 ;

2차 작은 보 : b(beam) 샛기둥 : P(Post) 바닥 : S(Slab) 기초 : F(Footing)
기초 보 : FG(Footing Girder)

기입 예 ;

기둥 : 2C1 (2 : 사용하는 층 수, 2층을 의미) (C : 기둥의 기호) (1 : 기둥의 종류)
큰보 : RG2 (R : 옥상 층을 의미) (G : 큰 보의 기호) (2 : 큰 보의 종류)

CHECK POINT

강구조 구조체의 종류

강구조의 종류는 라멘(Rahmen)구조, Brace구조 및 라멘-Brace 혼합구조로 나눌 수 있다. 라멘구조는 외력에 대해서 부재를 크게 해서 각 부재를 강(剛)하게 접합해서 부재의 인성(끈기)으로 저항하는 골조이다. 한편 Brace구조는 부재를 3각형을 단위(Units)로 해서 각 부재를 핀(pin) 접합해서 외력에 대한 Brace강도로 저항하는 골조이다.

라멘구조 ; 구성부재가 커지지만 축조(軸組)를 통해 구성하고자 하는 개구부를 자유롭게 낼 수 있다.

Brace구조 ; 구성부재가 비교적 작아지지만 Brace가 있으므로 개구부를 자유롭게 내기가 어렵다.

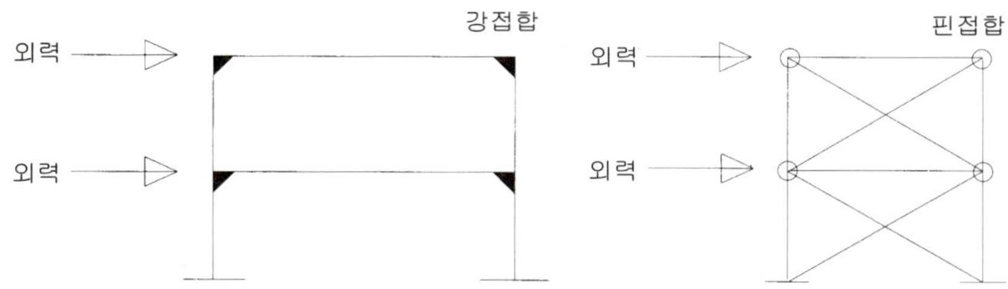

강접합과 핀접합

강구조 구조체의 예

일반적으로 보급되어 있는 강구조 골조는, 라멘구조나 라멘-Brace 혼합 구조체를 들 수가 있다.

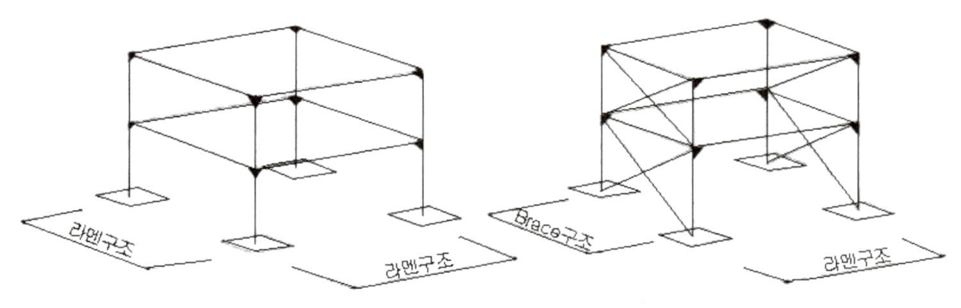

양방향 라멘구조　　라멘구조와 Brace구조의 혼합구조

강구조 구조체의 대부분은 전용의 강구조 가공공장에서 제작된다. 그 때문에 현장생산방식에 비해 품질이 안정되고, 정확도가 높은 부재를 만들 수가 있다. 강구조 제작공장은 공장건물의 규모, 용접하는 부재의 재질이나 두께, 공장의 생산능력의 등급(Grade)은 강구조물 품질확보 관련제도에 따라 "공장인증제"에서 인증하고 있다.

강구조 제작공정

제작순서는 공장이나 건물규모에 따라 다소 다르지만 2층 규모의 사무실 및 창고의 제작공정을 소개한다.

1. 설계도서의 확인, 공작도 작성 ; CAD에 의한 공작도의 입력

CAD에 의한 공작도 작성

2. 형판, 현촌도 작성

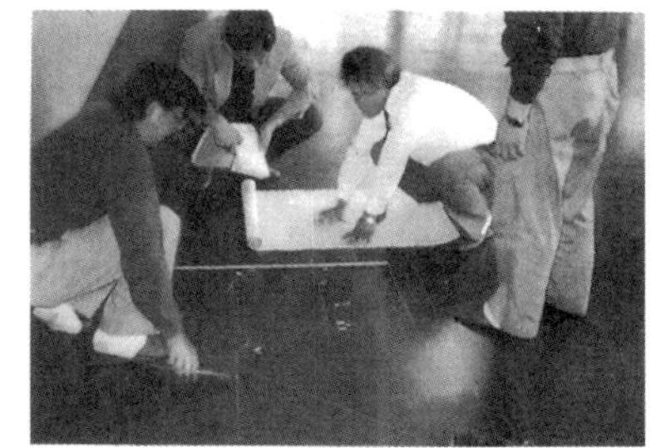

3. 강재의 절단

자동 가스 용접을 이용한 plate 절단

4. 강재의 구멍뚫기, 개선가공

5. 장비

개선 및 Scallop가공

밴드Sawing머신

6. 기둥-보 접합부 조립

7. 제품검사

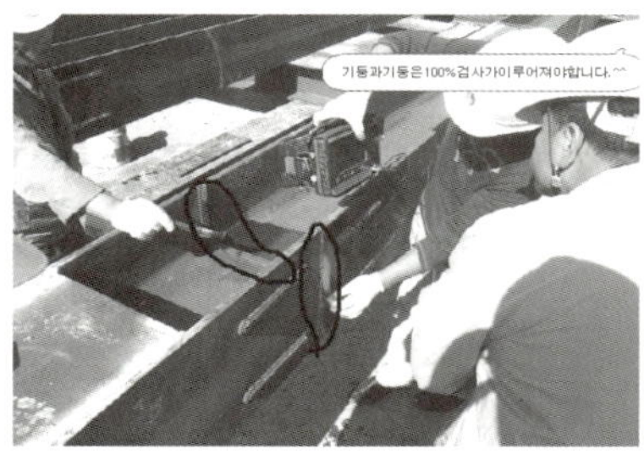

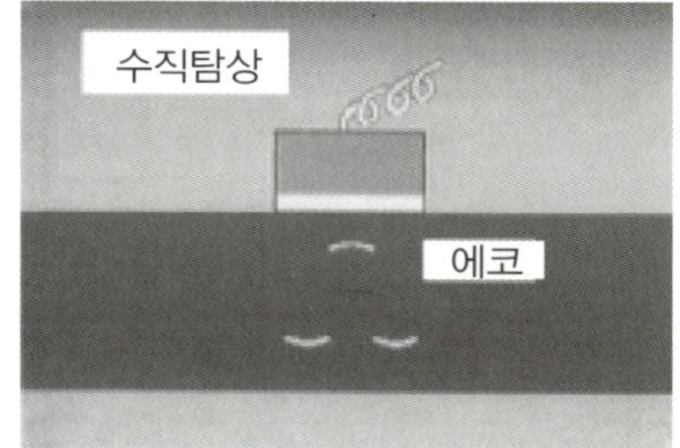

8. 도장

9. 운반

(2) H형강 제작 ; (Point)

H형강은 기둥, 보의 구조재로서 사용된다. 부품도에는 접합부재를 붙이는 위치를 O표시를 해두었다. 이 마크위치에 침(針)으로 나타내 두는 것을 잊지 말 것 **(사용부품도 번호 No.6 ~ No.11)**

1. 재료의 절단

1개의 H형강을 제작하는 데는, Flange재, Web재 각각 2매의 재료를 준비한다.

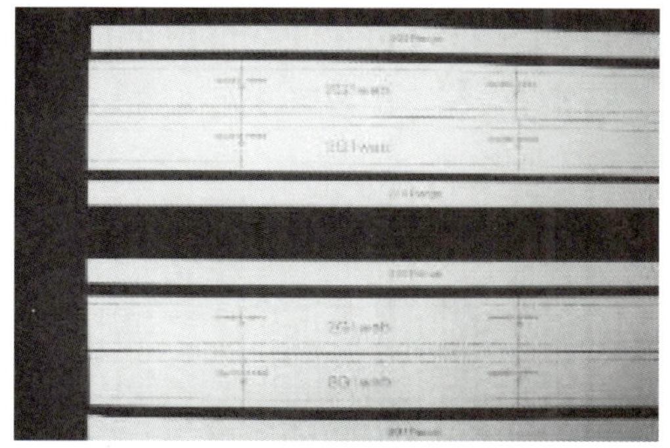

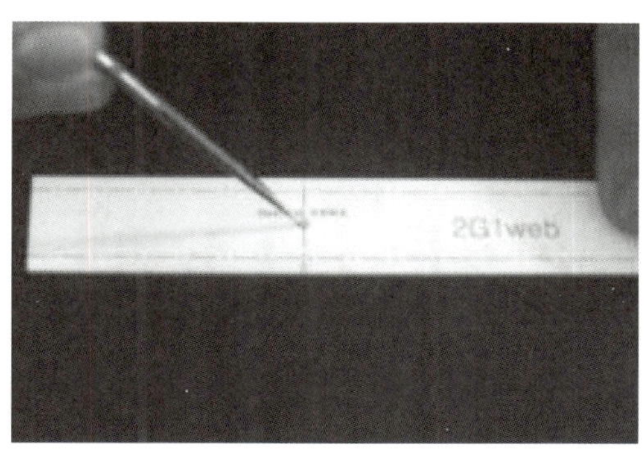

2. 부재접합 위치의 Marking

웨브재에 부재접합위치를 표시한 부재는 침(針)을 이용해서 용지의 뒷면에 그 위치를 Marking한다.

3. 부재의 조립

① 웨브재의 산허리선에 가볍게 칼자욱(1/2 절단)을 내서 접는다.

② 웨브재의 인쇄면에 풀칠을 하고 2장의 웨브재를 맞붙인다.

③ 플랜지재의 인쇄면에 풀칠을 하고 웨브재에 붙인다.

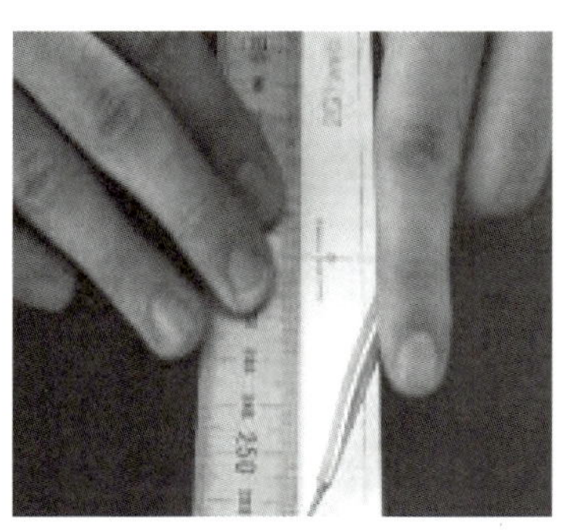

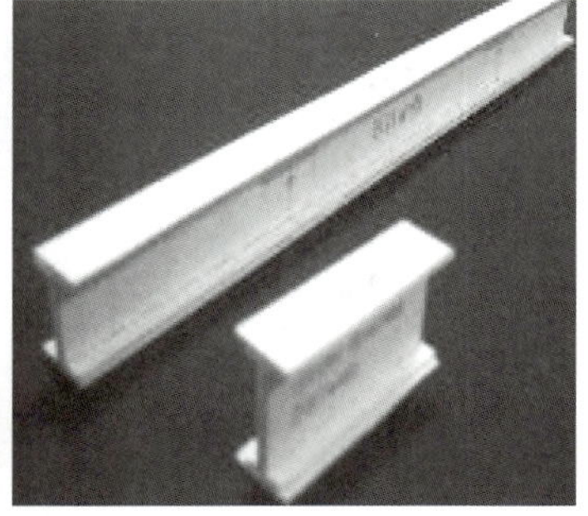

HINT

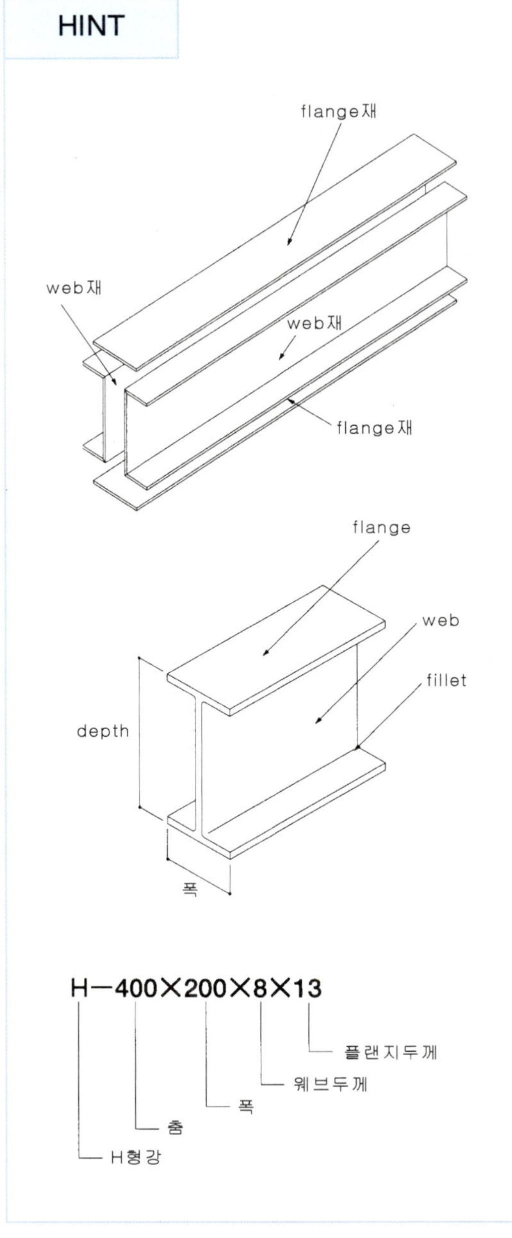

현장에서는...

강재의 기계에 의한 절단상황

Plate의 가스절단상황

CHECK POINT 강재의 종류

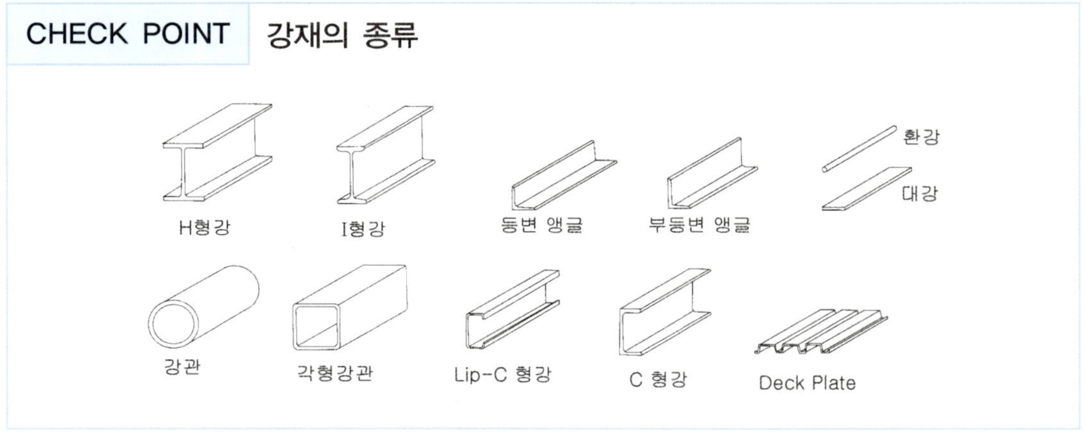

사전지식

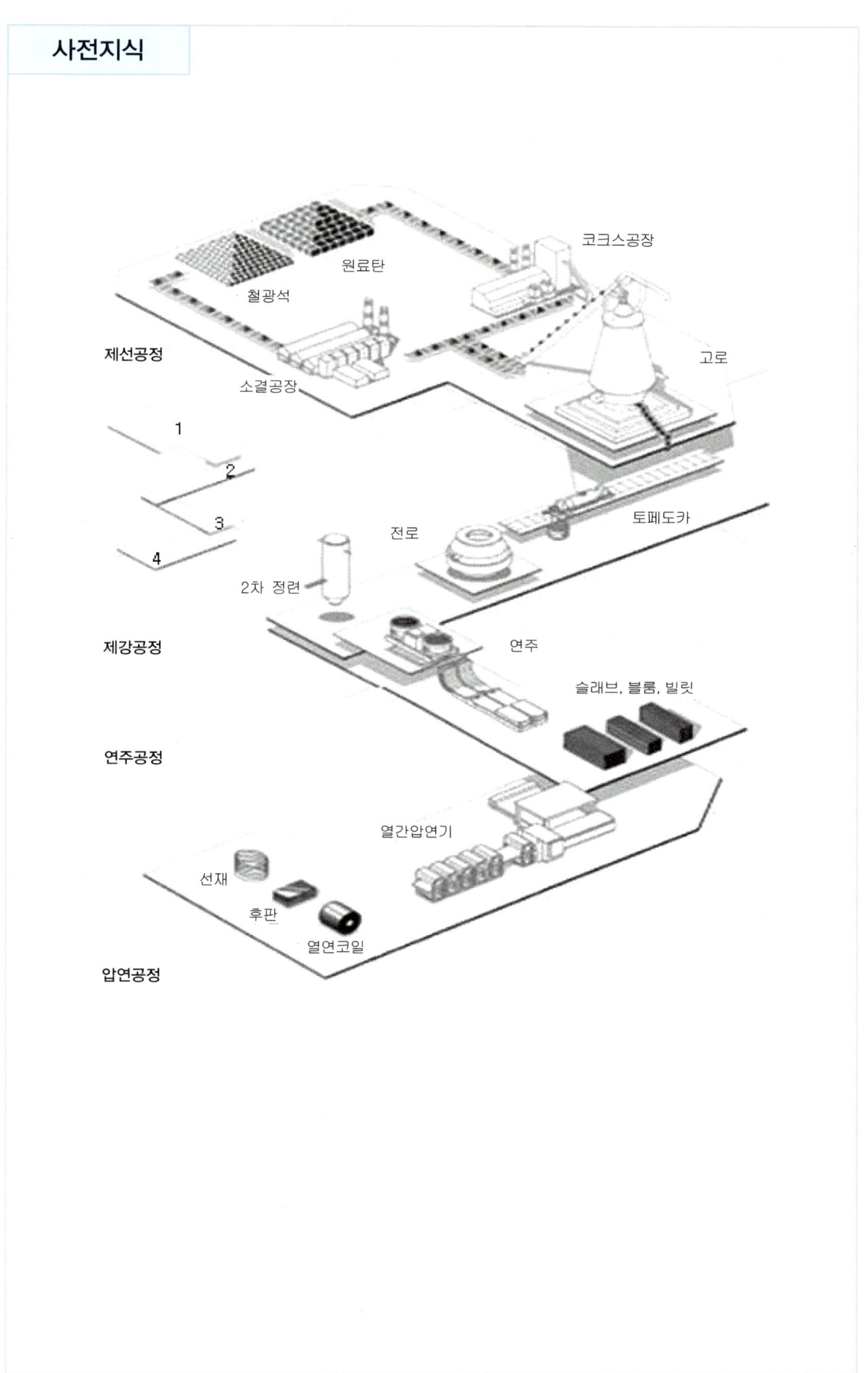

코크스공장
원료탄
철광석
제선공정
고로
소결공장
1
2
3
4
전로
토페도카
2차 정련
제강공정
연주
슬래브, 블룸, 빌릿
연주공정
열간압연기
선재
후판
열연코일
압연공정

사전지식

강재 종류	특 징
일반구조용 압연강재 (SS재)	건축용 강재에 넓게 사용되며, SS400이 통상 사용되며 판두께 25mm까지 용접가능 (보통은 용접 안함)
용접구조용 압연강재 (SM재)	용접성이 우수하여 SS재보다 고가이고, 판두께 40mm 정도 부재에 SM490이 사용되고, 40mm 이상 부재에는 TMCP강재가 사용됨.
건축구조용 압연강재 (SN재)	내진성 · 용접성 향상을 위해 화학성분치 개선 · 판두께 허용차 최저한계 허용차를 엄격화한 강재(고급강재)

* Mill Sheet(강재규격증명서)는 강재의 강도, 용접성(C_{eq} : 탄소당량), 저온균열감수성(P_{cm}) 등의 품질을 알 수 있다.

강재의 규격 증명서 예

Contract No.(계약번호)______

Customer(주문자)__________

강재검사증명서
INSPECTION CERTIFICATE

L / C NO.(신용장번호)______

P / O NO.(구매번호)________

Certificate Np.(증명서번호)__________

Commodity(품명)__H형강__________

Class Cert. No(선급증명서번호)______

Specification(규격)____KSD3515____SM490A____

Date of Issue(발행일자)___________

Dimensions & Length (치수)	Heat No. (제강번호)	PCS (수량) KgS (중량)	Chemical Composition (화학성분 %)											Tensile Test (인장시험)			Bend Test (휨시험) (°)	Impact Test (충격시험)				Remarks[(3)] (비 고)
			C	Si	Mn	P	S	Cu Ni	Mo Cr	Al V	Nb	N_2	CE[(1)]	T.S	Y.P	EL[(2)]		AVG	1	2	3	
			×100			×1000		×100		×1000		×10000	×100			%		℃ V-Notch				
H-400×200 ×8×13	D025795	2 1,122	11	26	130	34	23							551.1	401.1	25.2						
H-300×300 ×10×15	D025796	2 1,056	13	TR	123	11	5							531	456	33						
END																						

(1) C_{eq} : 탄소당량, 기준치 0.44%이하 (2) P_{cm} : 저온균열 감수성조성, 기준치 0.25%이하 (3) Gauge length : (4) Impact Specimen Size

Note: T.S(인장강도), Y.P(항복점), EL(연신율)

	상기의 제품은 검사의 결과 지정된 규격에 합격한 것을 증명합니다.	
Witnessed by 감독관	WE HEREBY CERTIFY THAT THE MATERIAL HAS BEEN MADE AND TESTED IN ACCORDANCE WITH THE ABOVE SPECIFICATION AND ALSO WITH REQUIREMENTS CALLED FOR THE ABOVE ORDER	MGR of Q.A Team 품질보증팀장

양식 IMS | 102(A) - 3a　　　　A4(210×297)

(3) 강재의 개수 확인 ; (Point)

Bracket은 기둥과 보의 접합부에 사용되는 보단부의 강재이다. Stiffener는 기둥이나 보의 Web Plate의 국부좌굴 방지를 위해 붙이는 보강판이다. **(사용부품도 번호 No.4)**

1. H형강 부재에 이름 붙이기

H형강 부재에 부재번호를 연필로 기입하고 부재를 정리한다.

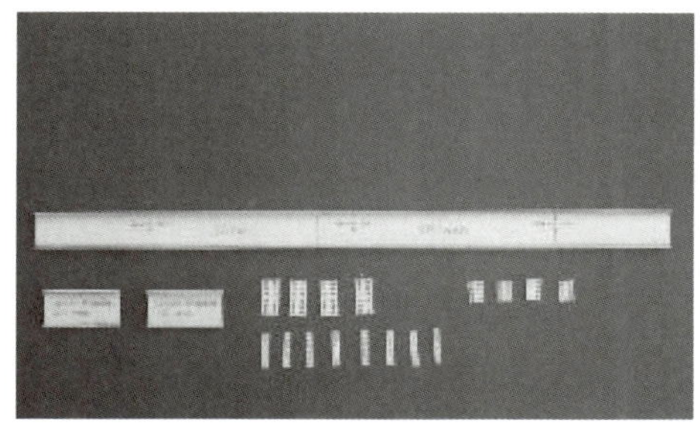

2. 사용부재의 확인

부품번호 No.4의 접합부재가 어떤 위치에 사용되고 있는가를 확인한다.

3. 보재의 개수 확인

2G1 2개, RG1 2개, 2G1 Bracket 4개, RG1 Bracket 4개

2G2 2개, RB1 1개, 2b1 1개, 1b1 (계단참) 1개

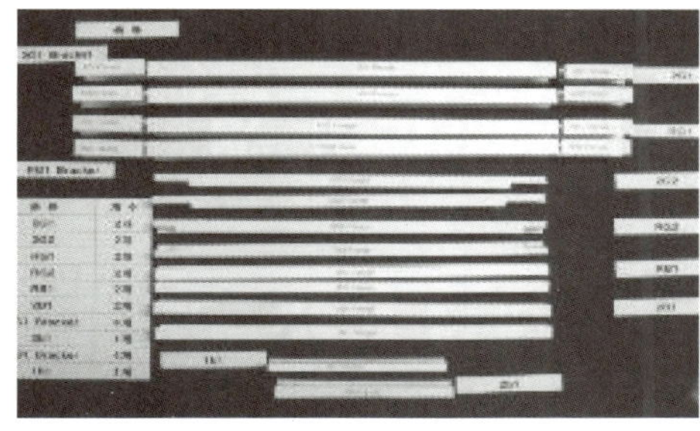

4. 기둥재의 개수 확인

1C1 4개, 1P1 5개, 1P2(계단연결 부위) 1개, 2C1 4개, 2P1 2개

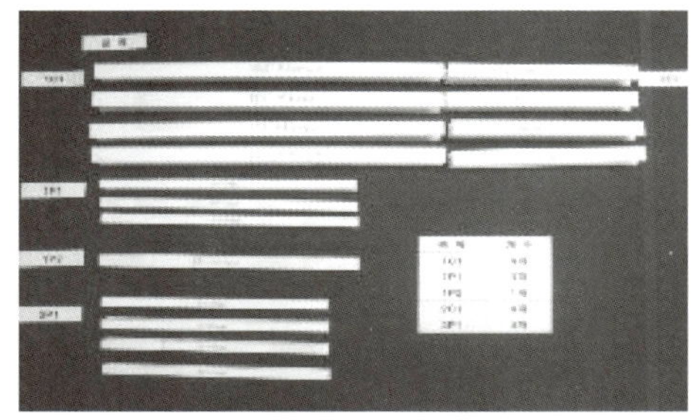

HINT

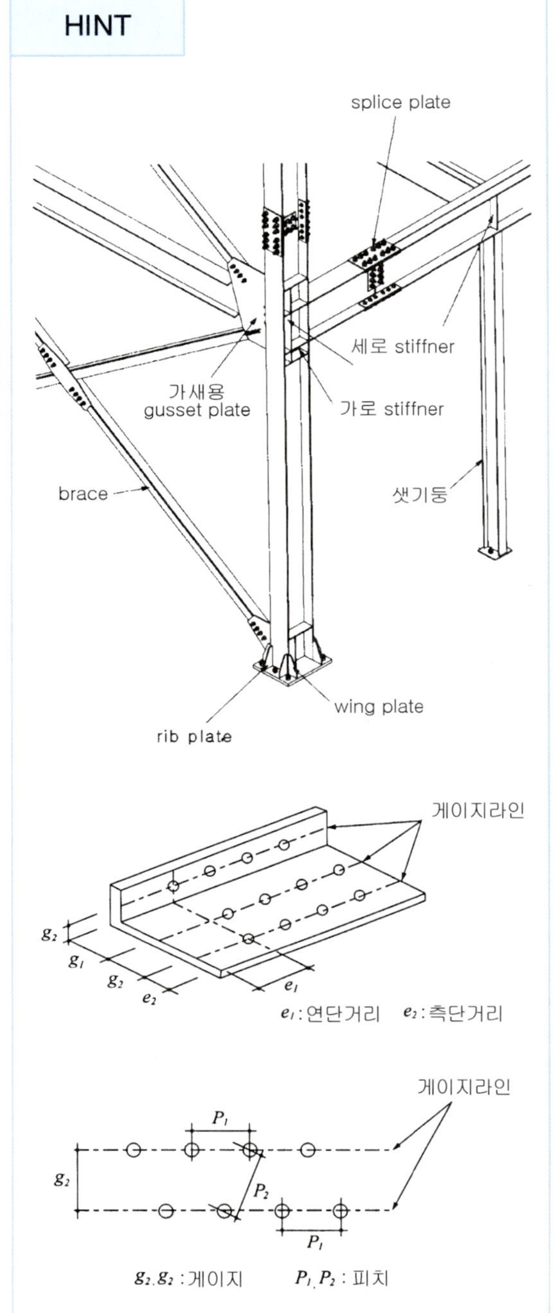

현장에서는...

강재의 가공라인

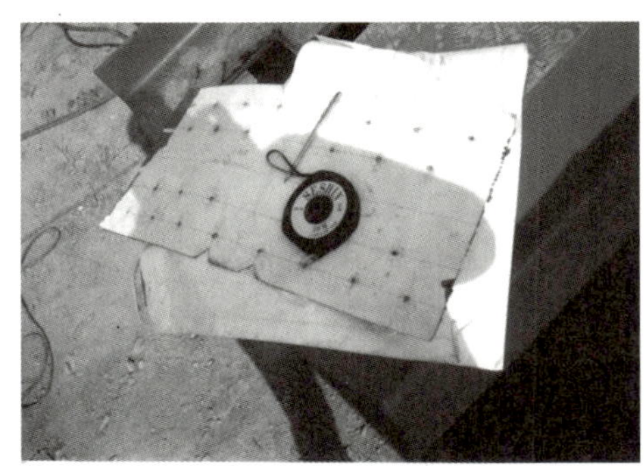

게이지 및 게이지라인 결정

드릴작업

CHECK POINT 기둥의 종류

사전지식

강재의 특징 : 강재는 목재나 콘크리트에 비해 균질해서 품질이 안정되어 있다.

장점 : 재질이 균질하고 대량생산 가능, 인장응력 ≒ 압축응력
인성이 풍부하고 내진성이 우수, 압축강도가 콘크리트의 10~20배 크다.

단점 : 열(화재시) 약하다, 강도가 충분해도 강성이 부족하면 변형이 커지고 진동에 약함.
자연상태에서 녹슬기 때문에 방청처리 필요, 접합부 설계가 중요

지진으로 파괴된 건물 ; 중간층이 파괴된 고베시청 / 단층위의 건물 / 경량철골 주택의 파괴 예 ;
강재는 열에 약해서 인장강도가 500℃에서 상온의 약 1/2이 되고, 600℃에서 약 1/3이 된다.
∴ 용도나 규모에 의해서 내화회복이 필요하다

그러나 강재는 파단할 때까지 적당한 점도(인성)이 있고, 내진성이 우수한 특징을 살리는 설계가 필요하다.

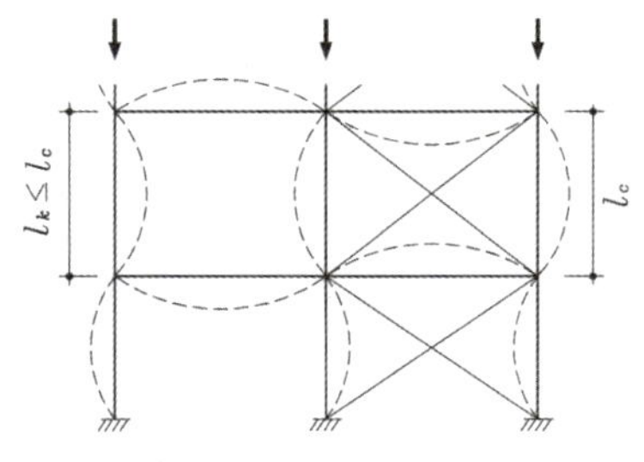

(a) 수평이동이 구속된 골조

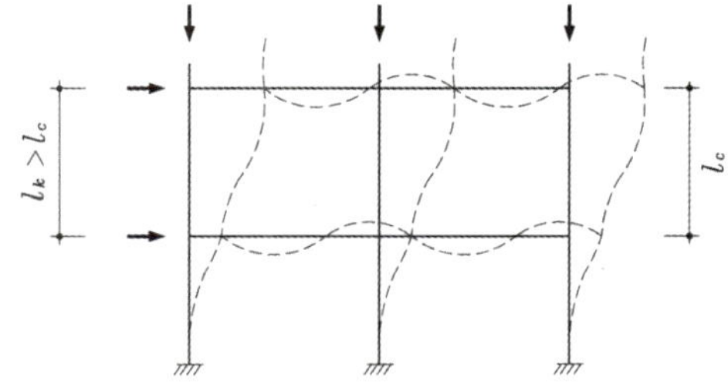

(b) 수평이동이 자유인 골조

강구조 골조

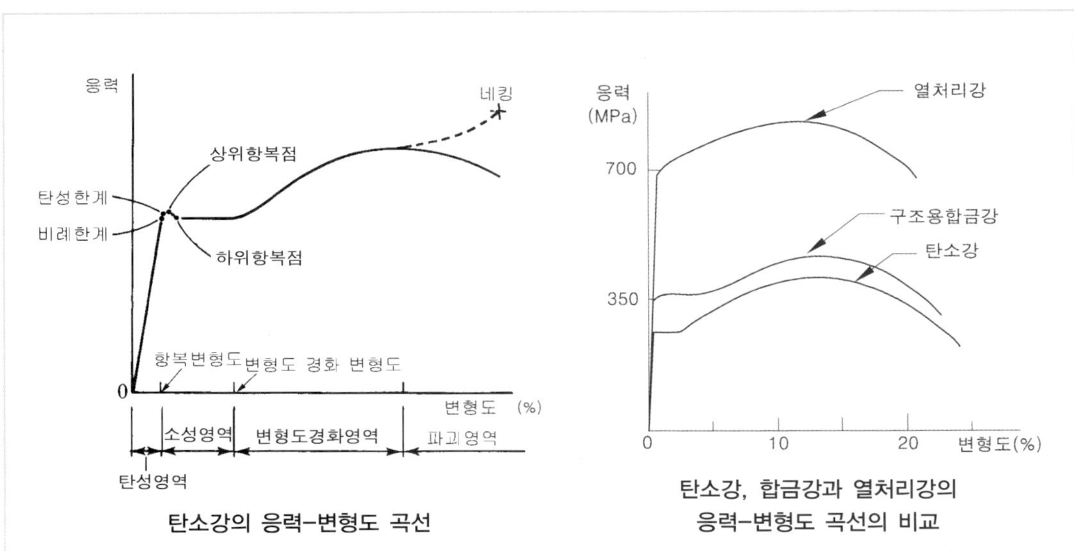

탄소강의 응력-변형도 곡선

탄소강, 합금강과 열처리강의 응력-변형도 곡선의 비교

강재의 기계적 성질

강재를 서서히 인장시키면 얻어지는 $\sigma-\varepsilon$ 관계는 강재의 여러 가지 물리적 성질을 알게 해준다.

① graph의 직선부분 : 탄성, 탄성계수(용수철이 늘어진 후에 100% 되돌아온다)

② 곡선부분 : 소성

③ 항복비 : 최대강도/항복점강도

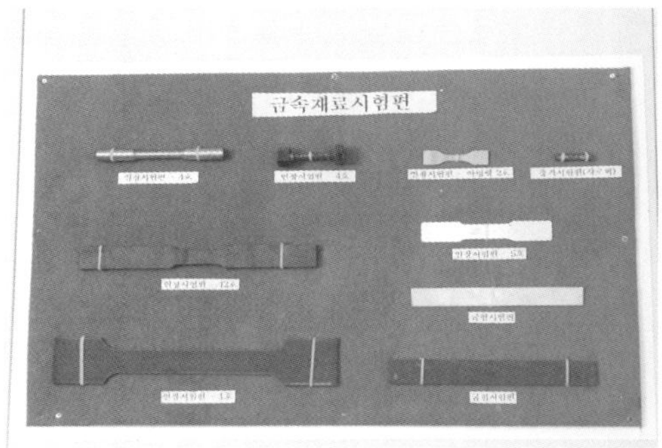

인장시험용 공시체

강재 인장시험 상황

강재 표기 예

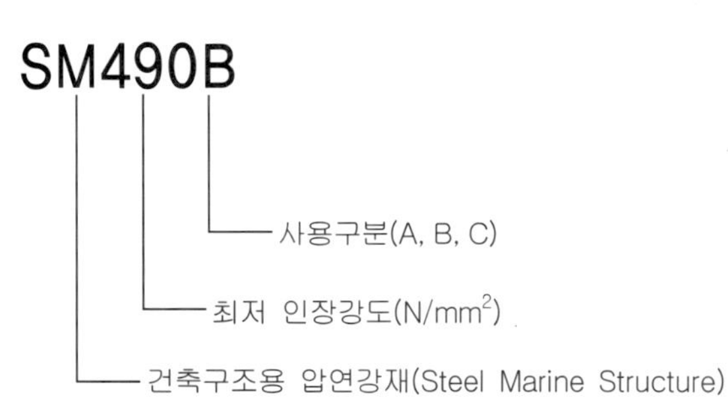

(4) 보의 제작 ; (Point)

"이음(joint)"이란 부재를 어떤 각도로 접합하는 방법을 말하고, "이음매"는 부재를 직선상에 연결하는 방법과는 구별해서 사용한다. "가셋 플레이트"는 부재를 접합하기 위한 강판의 총칭이다.

(사용부품도 번호 No.5)

1. 큰 보 조립부재 절취

큰 보 1개당 준비하는 부재

H형강 보	RG1	2G1
세로 스티프너	2	2
작은 보 받이 Gusset Plate	2	2
샛기둥 받이 Plate	2	4

부품번호 No.5에서 상기부재를 절취한다.

2. 작은 보 받이 Gusset Plate, 세로 Stiffener 및 샛기둥 받이 Plate의 부착

보의 marking위치에 작은 보 받이 가셋 플레이트를 붙인다. 샛기둥 받이 Plate는 보 RG1 밑의 플랜지 중앙부분과 보 2G1의 상하 플랜지에 붙인다.

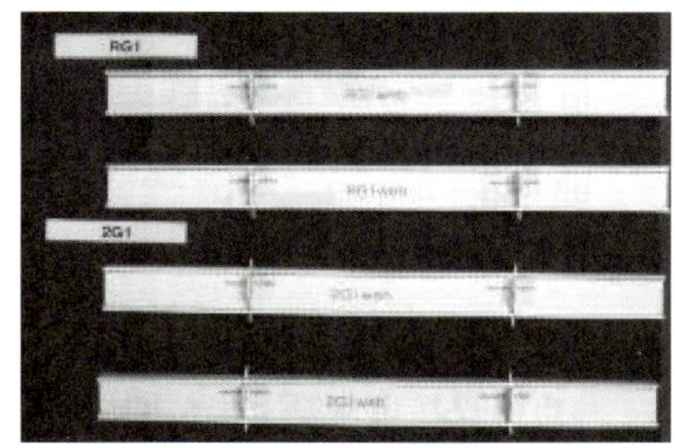

3. 기타 큰 보와 작은 보의 이음부(joint)

작은 보 2b1을 받는 보(2층 보복도에 나타낸 X1방향의 2층 큰 보 2G2와 2층 작은 보 2B1)의 marking부분에 작은 보 받이 가셋 플레이트, 세로 스티프너를 붙인다.

계단을 받는 작은 보(계단 받이 작은 보 2b1과 발판받이 작은 보 1b1)의 marking부분에 계단 받이 가셋 플레이트, 세로 스티프너를 붙인다.

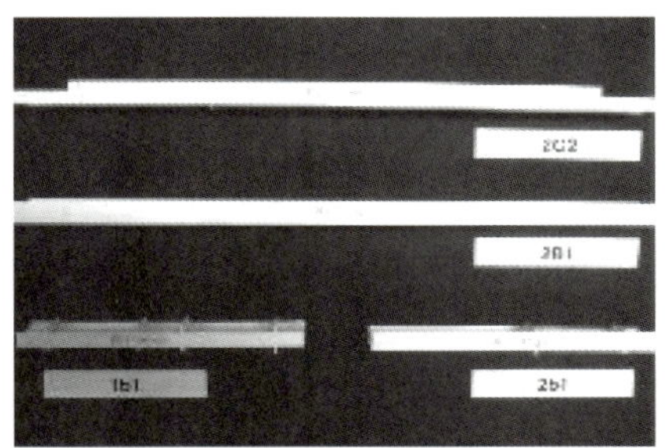

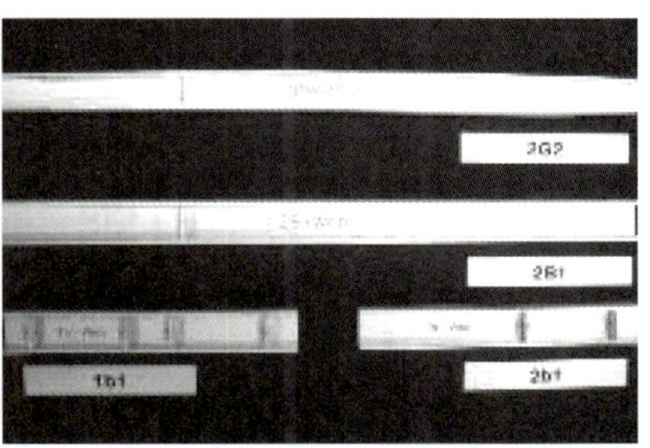

HINT

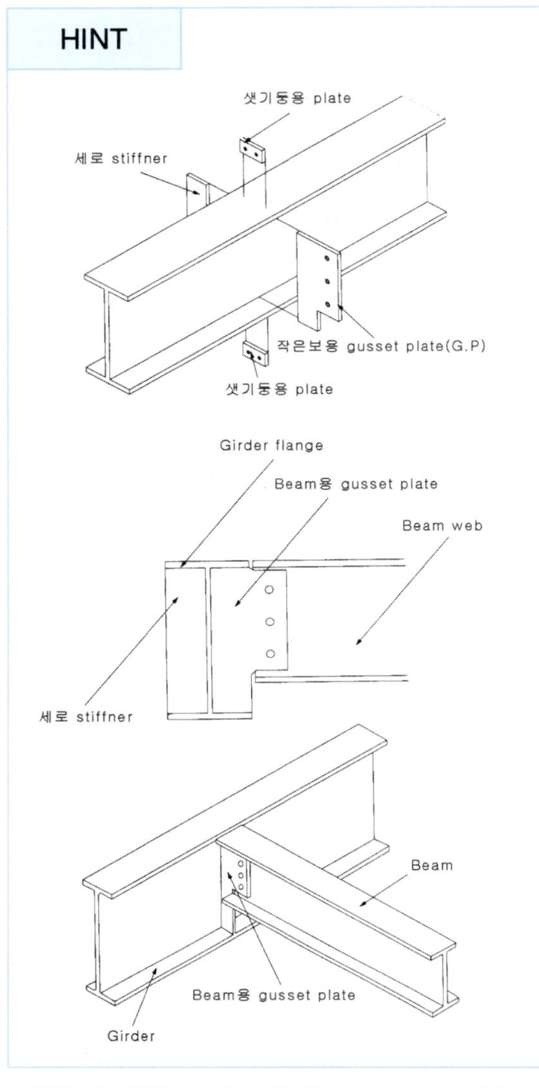

현장에서는...

탄산가스 아크용접법에 의한 보의 용접상황

CHECK POINT 보의 종류

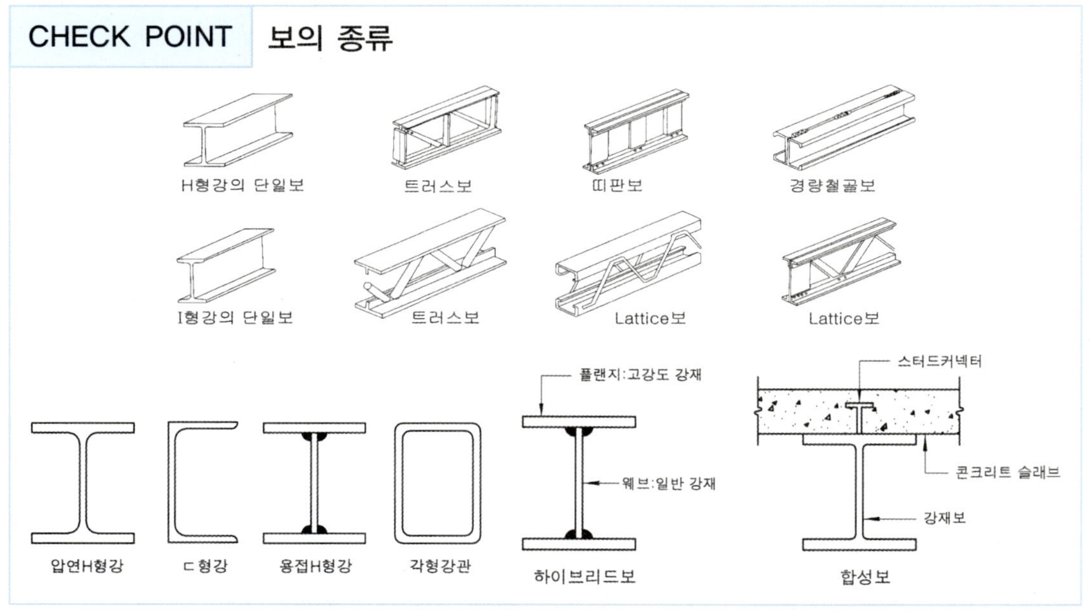

사전지식

용접방법 : 철골제작 공장에서는 부재의 조립을 주로 용접으로 한다. 건축에 이용되는 용접법에는 피복아크용접, 가스실드아크용접, self실드아크용접법 등이 있다.

용접 종류와 특징

용접 종류	용접 공법명	특 징
손용접	피복아크용접 (SAW, Shielded arc welding)	심선에 도포한 Flux(피복제)가 Arc열에 의해서 가스를 발생하고 용접부를 대기로부터 보호하면서 용접
반자동 용접	가스실드아크용접 (gas shield arc welding, GSAW)	자동 공급된 용접 Wire 주위를 탄산가스로 Shield 해서 용접부를 대기로부터 보호하면서 용접(전자동으로 공장제작에 이용)
	Self실드아크용접	Flux가 함유된 Wire에 의해 Arc열에 의해 가스를 방충하고 용접부를 대기로부터 보호하면서 용접, 내풍성 좋고 현장용접에 이용
자동 용접	Submerged arc 용접	용접선에 입상 Flux를 쌓아올려 Flux 속에 용접 Wire를 자동 공급, Flux가 용융 Slag가 되어 용접부를 보호하면서 용접
	Electronics 가스 용접 (electro slag welding, ESW)	Arc열로 모재와 Wire를 용융시킨 후, 발생한 용융 Slag속에 Wire를 자동 공급시켜 용융 Slag에 전기저항 발열에 의해 용접
	Arc stud 용접	Stud를 특수 Gun을 사용해서 모재에 접융시키고 그 Arc로 Stud를 발열시킨 후 용융부에 가압해서 용접
기타	산소아세틸게 용접 압접	가스실드 용접법의 개요 – 보호가스를 탄산가스를 이용한 것으로 효율적이고 경제적이며, 철골제작에 가장 많이 사용된다. 실드가스는 바람의 영향을 받기 쉽고, 풍속 2m/s 이상의 경우는 방풍장치가 필요하다.

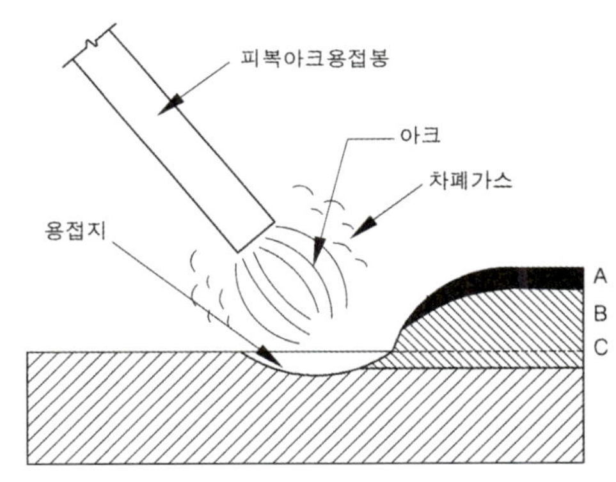

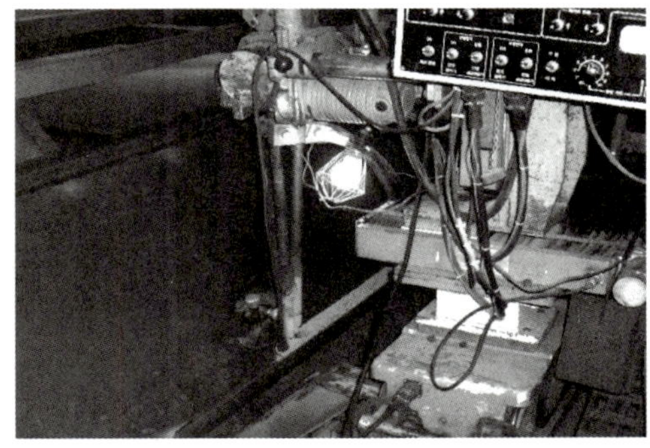

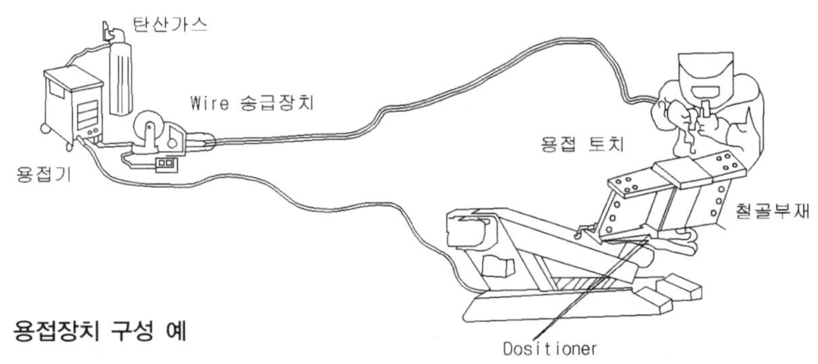

용접장치 구성 예

*** 용접의 종류**

부재의 용접에 의한 접합을 용접이음매라 하며, 그 종류에는 맞댄(홈)용접, 모살용접, 부분 용입용접이 있고, 부재의 용접개소에 따라 선멸 사용한다.

① 맞댄(홈)용접

맞댄 부분(용접이음매)를 용접으로 일체화하기 쉽도록 경사진 형상으로 가공(개선가공)한 후, 개선부분을 금속으로 충전한다. 이 용접은 완전 용입용접이라 부르고, 완전 일체화가 되어 힘의 전달이 뛰어나지만, 모살용접에 비해 가공에 시간이 걸린다.

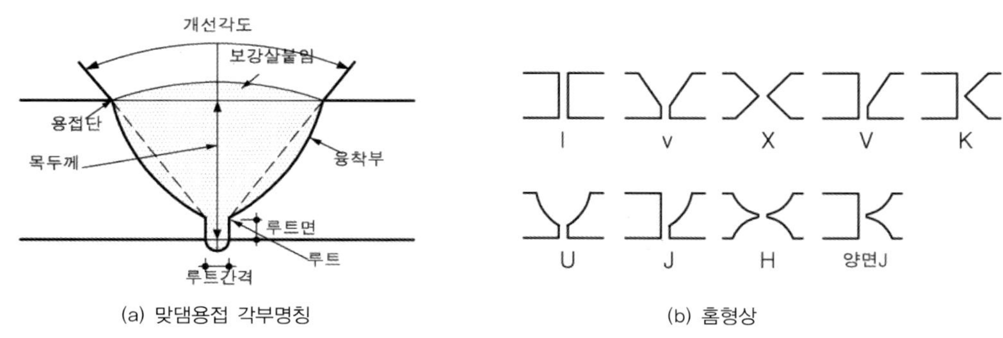

(a) 맞댐용접 각부명칭

(b) 홈형상

② 모살용접

접합하는 Plate끼리 각진 부분을 용접단면이 3각형이 되도록 용접한다. 이 용접은 용접선에 평행한 방향으로 힘의 전달이 좋지만, 그 이외의 힘에는 약해서 용도가 한정된다. 개선가공이 필요 없어서 간단하다.

③ 용접결함 종류

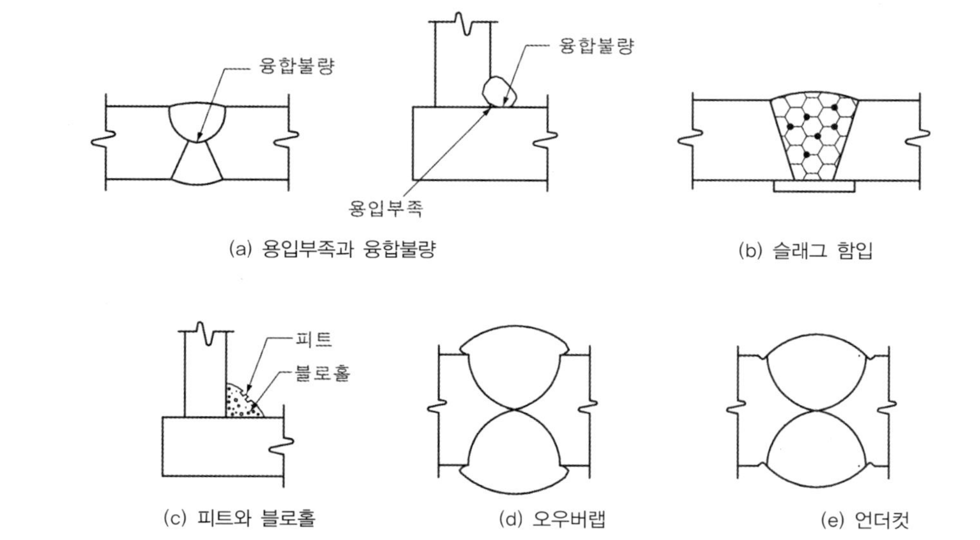

(a) 용입부족과 융합불량

(b) 슬래그 함입

(c) 피트와 블로홀

(d) 오우버랩

(e) 언더컷

(5) 기둥-보 접합부 ; (Point) 각 부재에 붙이는 부재의 방향이 기둥 위치에 따라 다르다. 힌트를 참고로 해서 붙이는 위치와 방향을 확인한다.

(사용부품도 번호 No.7, 사용부재 ; 1C1, 2C1, 2G1, RB1 Bracket)

1. 부재의 절취

부재를 부품도 No.5로부터 절취한다. 전공정((4)보의 제작)에서 확인한 1층 기둥, 2층 기둥 및 Bracket를 준비하여 거기에 붙인다. 합계 4조의 부재를 준비한다.

1층 기둥, 2층 기둥 1개당 절취한 부재의 예

R층 부분 2C1,

RG1 Bracket부 ; brace gusset ③ 1매, 수평 스티프너 4매, 세로 스티프너 1매

2층 부분 1C1,

2G1 Bracket부 ; brace gusset ② 1매, 수평 스티프너 10매, 세로 스티프너 3매

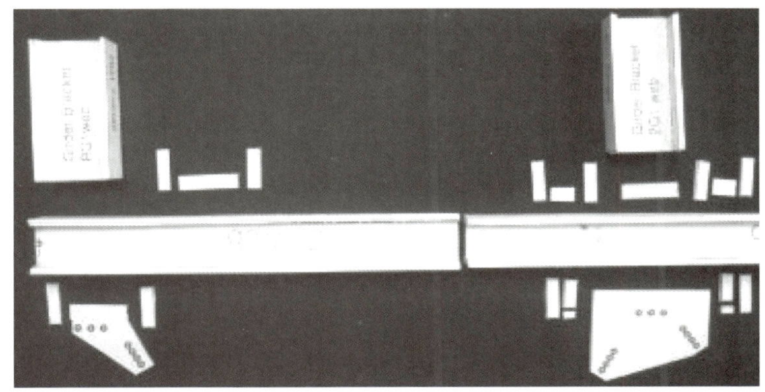

2. 스티프너, Brace 가셋, Bracket의 부착

각 기둥에 붙이는 부재는 기둥 위치에 따라 붙이는 방향이 다르다. Brace방향(X방향)에서 브레이스 가셋이 마주 보도록 붙인다. 각 수평 스티프너, 브래킷, 브레이스 가셋을 웨브재의 마킹부분(2층 보의 끝부분)을 표시로 해서 붙인다.

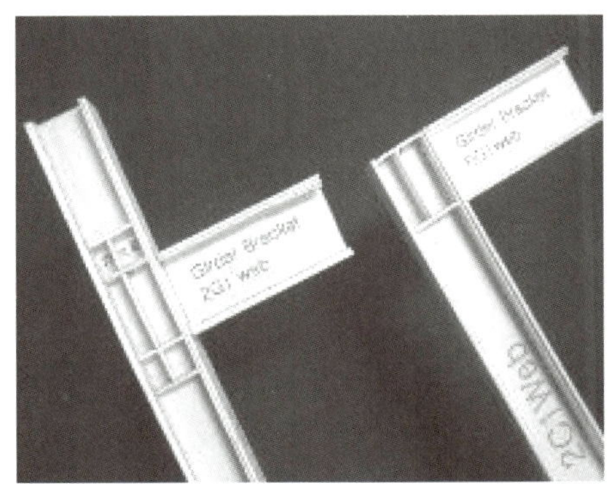

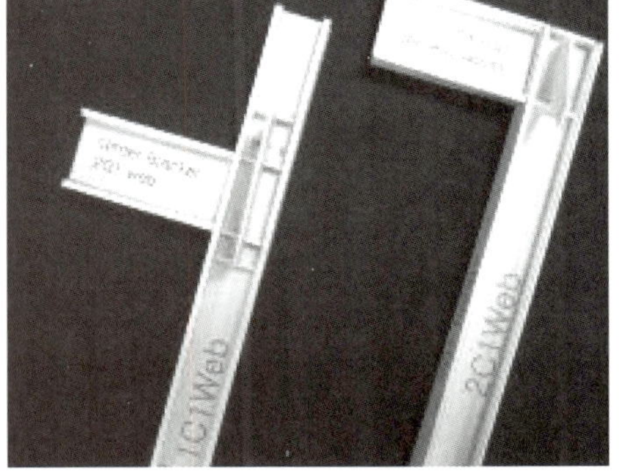

3. 기타 기둥 이음부

사용부재 1C1(X1, Y2 방향), 1P1, 1P2

1C1 수평 스티프너 4매, 가셋 플레이트 1매

1P2 수평 스티프너 1매, 가셋 플레이트 1매, 세로 스티프너 1매

1P1 수평 스티프너 5매, 가셋 플레이트 1매, 세로 스티프너 1매

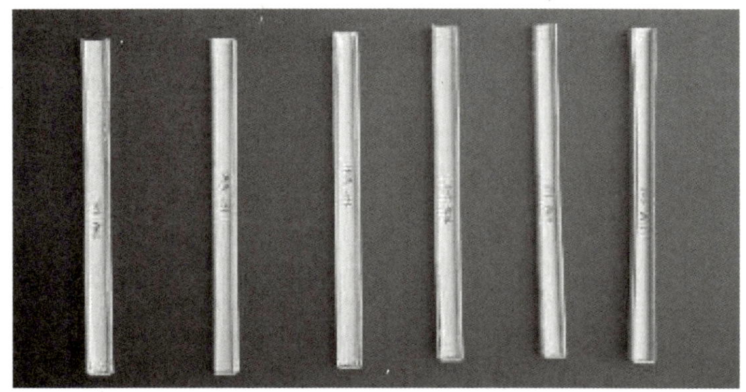

[HINT]를 참고해서 작은 보(1b1)를 받는 기둥과 샛기둥의 마킹부분에 가셋 플레이트와 수평 스티프너를 붙인다. 샛기둥(1P2)에는 수평 스티프너 사이에 세로 스티프너를 붙인다.

HINT

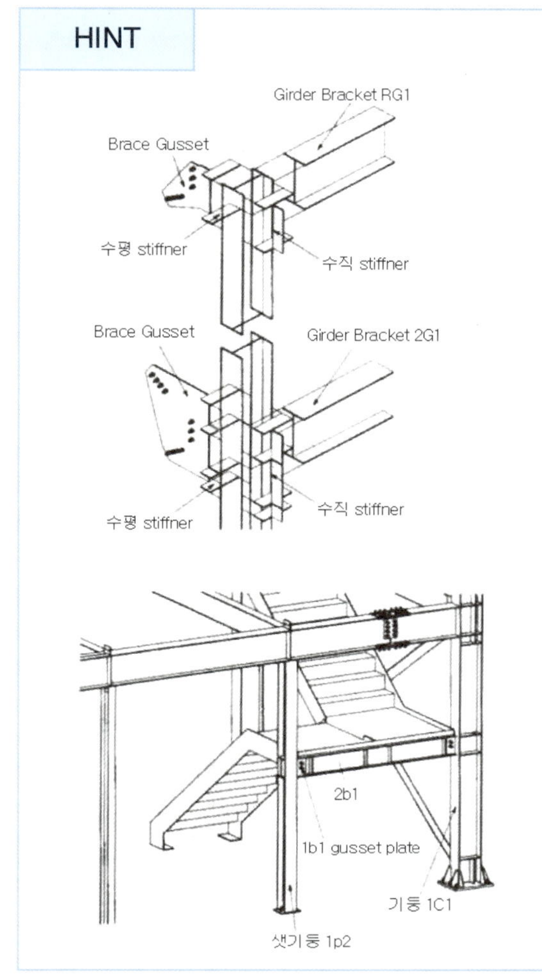

현장에서는...

CHECK POINT 기둥-보 접합부

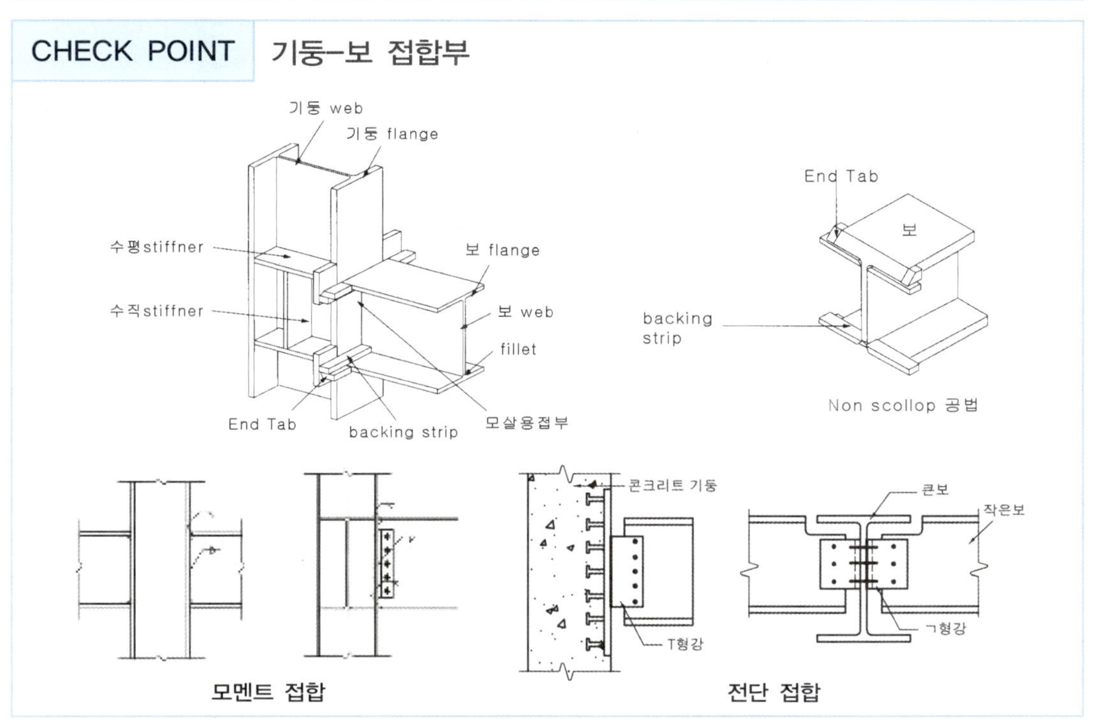

모멘트 접합

전단 접합

사전지식

* 용접기호

강구조 도면에 기입하는 기호는 설계자의 의도를 확실히 제작담당자에게 전달하기 위해 공통의 용접기호가 KS(한국공업규격)에 규정되어 있다.

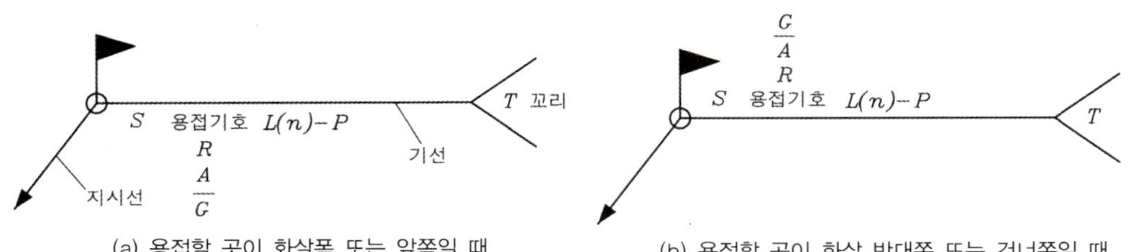

(a) 용접할 곳이 화살쪽 또는 앞쪽일 때 (b) 용접할 곳이 화살 반대쪽 또는 건너쪽일 때

주) S : 용접사이즈, R : 루트간격, A : 개선각, T : 꼬리(특기사항기록)
– : 표면모양, G : 용접부처방법, L : 용접길이, P : 용접간격

용접하는 측 또는 바로 앞의 경우, 기선의 아래측에 기입한다. 반면, 용접하는 측이 화살측의 반대쪽 또는 건너편일 경우는 기선의 위에 기입한다.

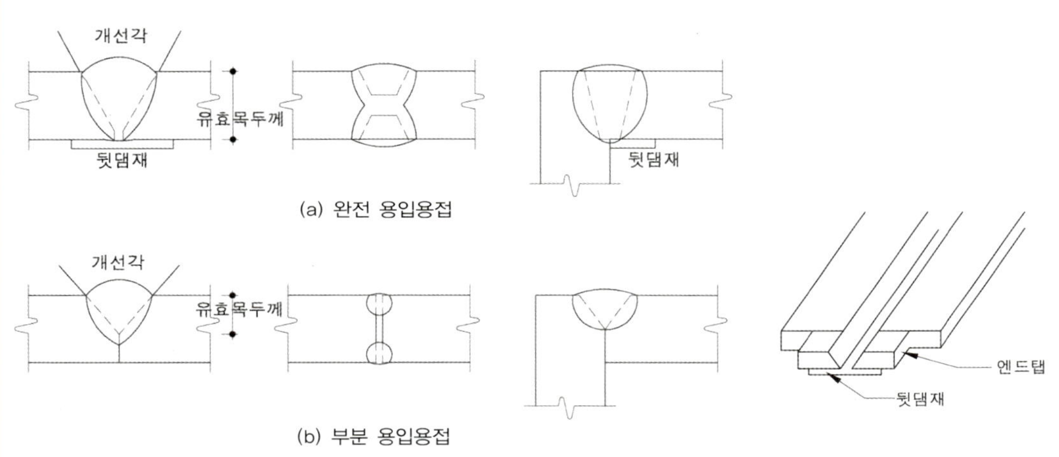

용접결합 및 각종검사

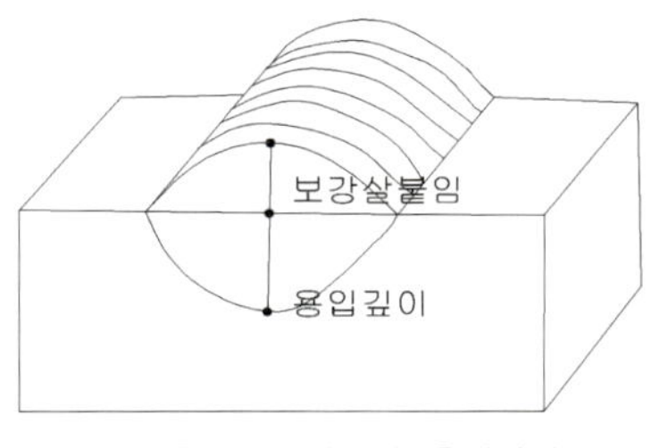

적절한 보강 살붙임, 용입상태

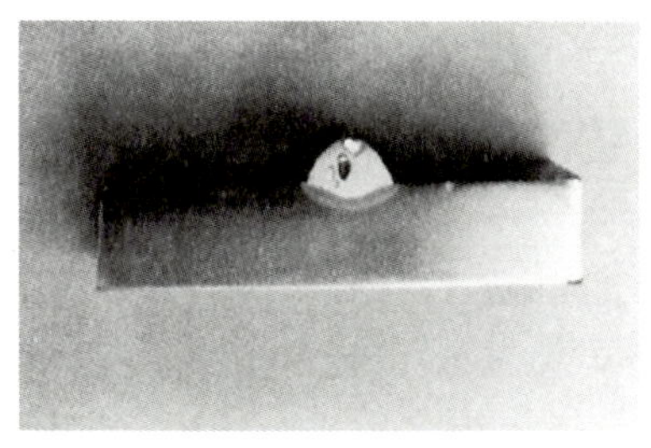

Blow hole 결함이 있는 용접단면

강구조 부재 제작과정

Splice Plate 발청

제작공장 내부

기둥-기둥 이음

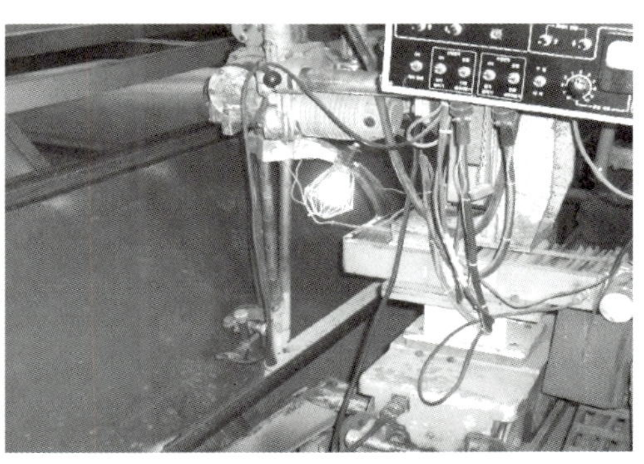
서브머지드 용접

초음파탐상시험기

이음부 초음파 검사

소부재 야적

강구조 골조

(6) 주각부 ; (Point)

주각부에 붙이는 부재도 (5)기둥-보 이음부에서와 같이, 각 기둥에 따라 붙이는 부재의 방향과 위치가 다르므로 주의를 요한다.

(사용부품도 번호 No.5, 사용부재 ; 1C1, 1P1, 1P2)

1. 기둥, 샛기둥의 주각주재의 절취

아래의 부재를 부품도 No.4로부터 절취한다.

기둥 Brace Gusset① 1장, 수평 Stiffener 2장

세로 Stiffener 1장, Base Plate 1장, Wing Plate 8장

샛기둥 Base Plate 1장

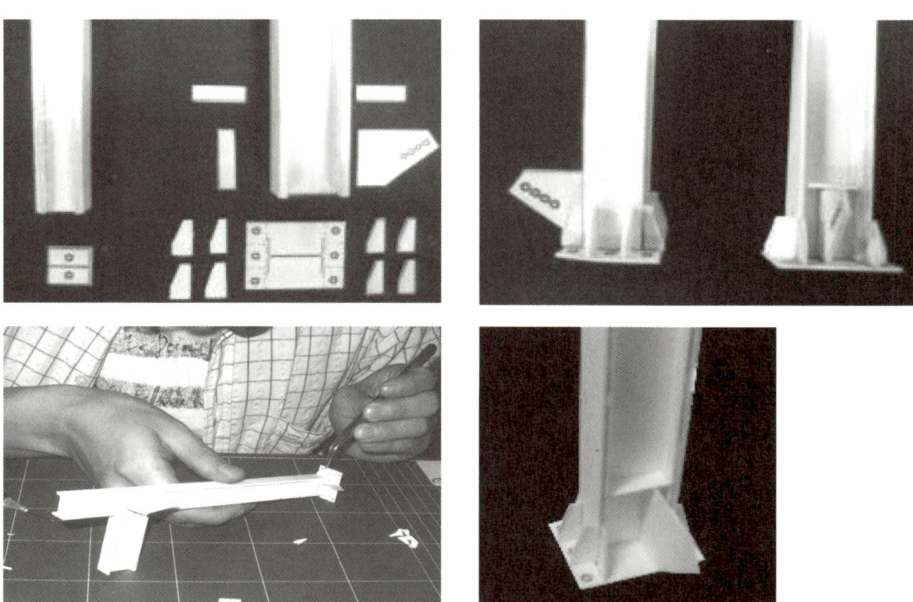

2. 주각부재의 제작

절취한 부재를 주각부에 붙인다. 제작완성상태는 Brace Gusset을 위로 향해서 정렬시키면, 아래 사진처럼 된다.

CHECK POINT 주각의 종류

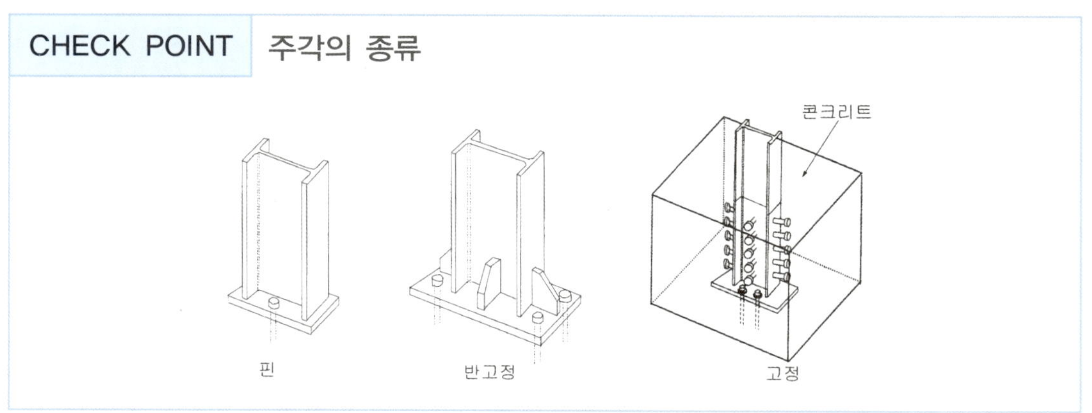

HINT

수평스티프너
Brace
가셋
Base plate
세로스티프너
Wing Plate
Rib plate

수평스티프너
Rib plate
Brace
가셋
Wing Plate
Base plate
세로스티프너
Brace
가셋
Base plate

현장에서는...

주각부 무수축 모르타르 충전

주각부

사전지식

주각부

강구조의 주각부는 기둥의 응력을 RC조 기초에 전달하는 중요한 접합부이다. 주각의 고정방법은 주각의 구조형식(핀, 반고정, 고정)이나 시공법에 의해서 정해지고, 과거의 지진피해로 주각부의 시공불량이 원인이 된 피해가 많이 발견되었다.

핀 주각

경미한 건물이나 샛기둥에 이용되고 휨모멘트를 전달하지 않는 형식의 주각이다.

핀 주각부 예

반고정 주각(노출형 주각)

현재 강구조의 주각으로서 급속히 보급되고 있는 것으로 시공이 용이하고 구조적으로도 신뢰성이 높은 것이 특징이다.

반고정 주각부 예

고정 주각

일반적으로 넓게 강구조의 주각으로 이용되고 있는 것으로 주각부를 RC로 피복해서 외력에 저항하는 형식이고 기초윗면에서 새운 '밑둥감기형 주각' 기초에 매립한 '매립형 주각이' 있다.

고정 주각부 예

앵커볼트의 설치

강구조 주각부와 RC 기초부를 고정하는 앵커볼트는 설치위치나 정확도가 나쁘면 세우기에 큰 영향을 준다. 그러므로 설치위치나 높이가 변화하기 어려운 고정방법이 필요하고 '거푸집 고정 방식과 강제 프레임 방식이 일반적으로 사용된다.'

강제 프레임 방식의 예

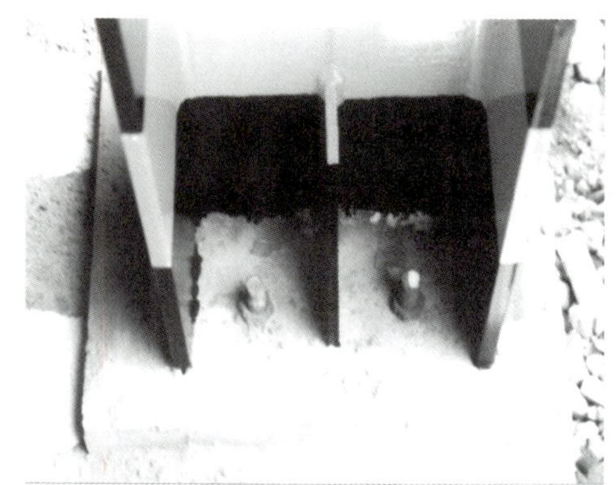

앵커볼트의 정확도와 수정

사전에 앵커볼트가 설치되는 Line의 어긋남이나 X방향, Y방향, 대각방향의 치수나 앵커볼트의 위치에 오차를 계측한다. 앵커볼트의 위치의 수정은 원칙으로 기초를 피해서 Base Plate의 구멍의 위치를 변경해서 조정한다.

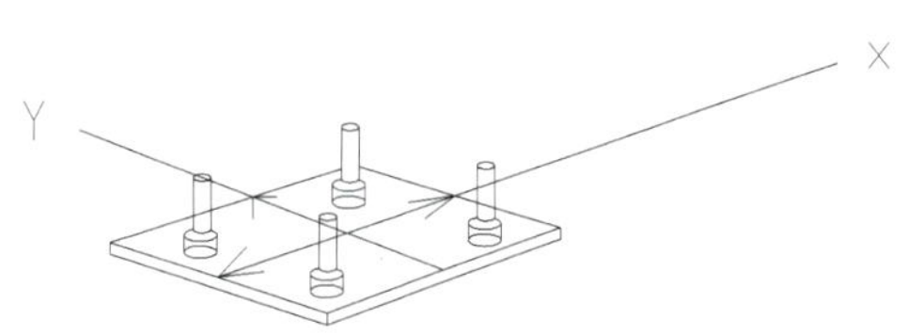

앵커볼트는 콘크리트 타설전에
위치, Level을 확인하는 것이 중요하다.

(7) Deck Plate, Brace ; (Point)

인쇄면의 뒷면이 Deck Plate의 윗면이 된다. 절단면의 커터의 자국은 너무 깊게 되지 않도록 주의한다.

(사용부품도 번호 No.10, No.16, No.18)

1. Deck Plate의 제작 준비

Deck plate의 부품도의 뒷면에 계곡선 위치가 알 수 있도록 침(pin)으로 구멍을 뚫고 표시를 해둔다.

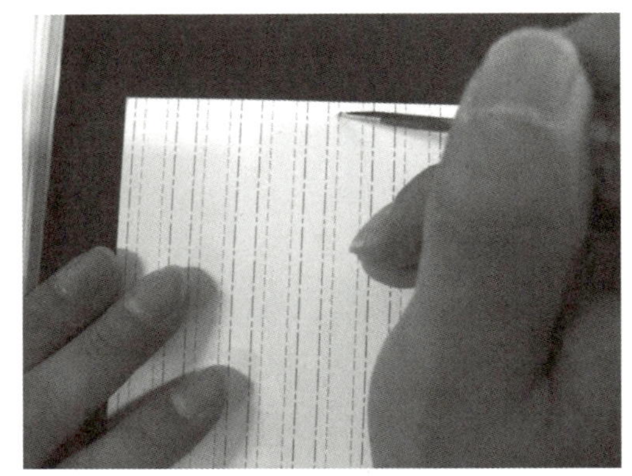

2. 접은 선을 따라 Cutter로 절단면을 넣는다.

표면의 산허리 선은 인쇄면의 일점쇄선을 따라, 계곡선은 뒷면의 침(pin)으로 뚫은 구멍을 표시해서 Cutter로 가볍게 자른 면(1/2 절단)을 넣어둔다.

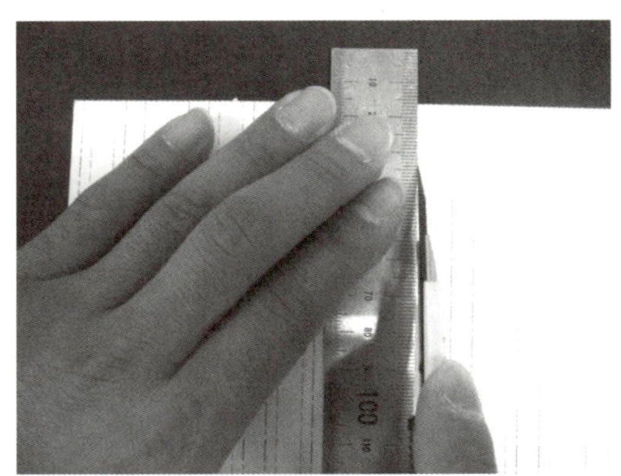

(좌) 표면 산허리 선에 Cutter로 가볍게 절단면을 넣어 둔다.
(우) 계곡선의 뒷면에 Cutter로 가볍게 절단면을 넣어 둔다.

3. 용지의 접은 선 넣기

산허리 측을 접은 다음, 용지를 뒤집어서 계곡 측을 접는다.

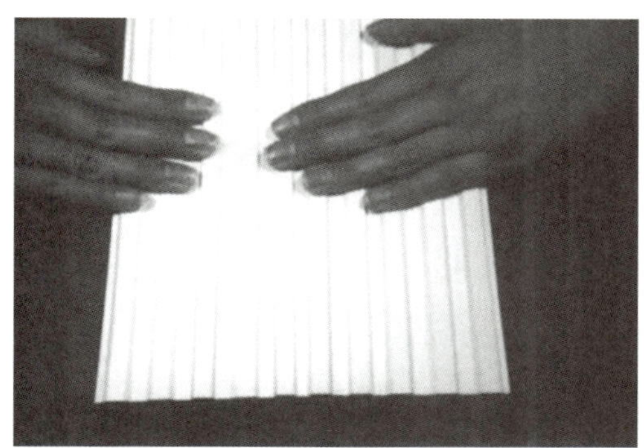

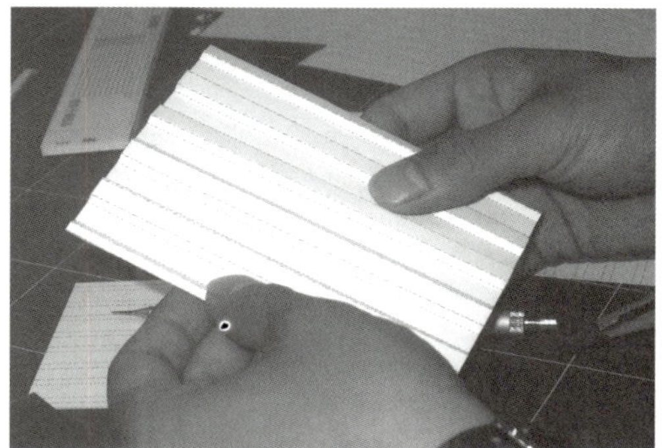

양손으로 Deck Plate의 요철을 만든다.

4. Brace의 제작

Deck Plate와 같이, Brace부품도의 계곡선 위치에 침(pin)으로 구멍을 뚫고, 뒷면의 침으로 뚫은 구멍을 표시해서 Cutter로 가볍게 자른 면(1/2 절단)을 넣어둔다

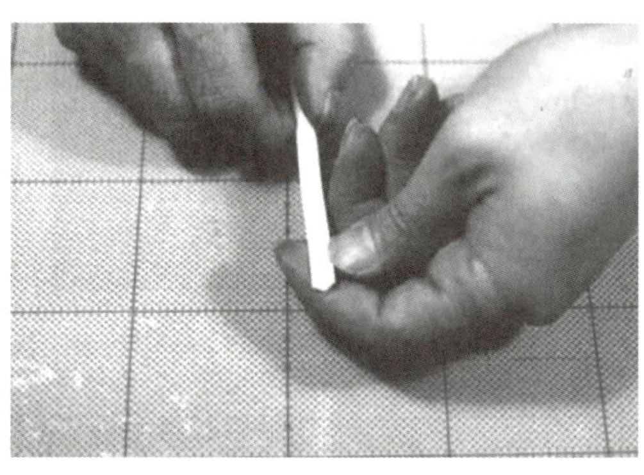

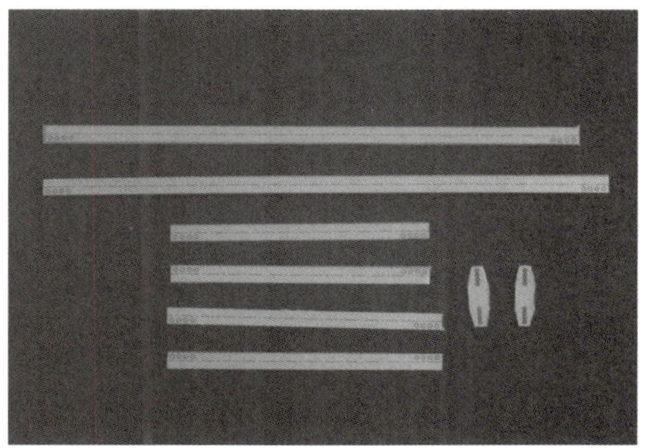

현장에서는...

기타부재의 가공과정

기타부재의 공장제작재로서, 고력볼트 접합용 Splice Plate의 제작, 공사현장에서 작업하기 쉽도록 세우기 교정이나 양중작업용 Piece, 안전 Rope나 보호 net용 Piece 및 기둥에 발판 등을 부착해야 된다.

보이음부

기둥-보 접합부에 볼트체결

브래킷 형태-1

브래킷 형태-2

기둥-기둥 이음시공

트러스-기둥 접합

세우기장비-트럭크레인

세우기장비-타워크레인

도장

강재는 녹슬기 쉽고 그 보호피복으로서 공장제작 최후 공정에서 Blast 후 녹방지 도장을 한다. 녹방지 도장의 종류는 첨가되는 안료의 의해서 성능이 정해진다. 녹방지 도료의 안료로서는 비교적 싸고 방청효과가 높은 연단이 넓게 이용되고 그 때문에 방청도료의 색은 적갈색을 띤다. 녹방지 도장의 Point는 도장 전에 먼지, 수분을 제거하고 하지(下地) 조정을 충분히 한다. 도장함으로써 악영향을 받는 고력볼트 마찰접합 부분이나 콘크리트와 직접 접촉하는 부분에는 도장을 하지 않는다.

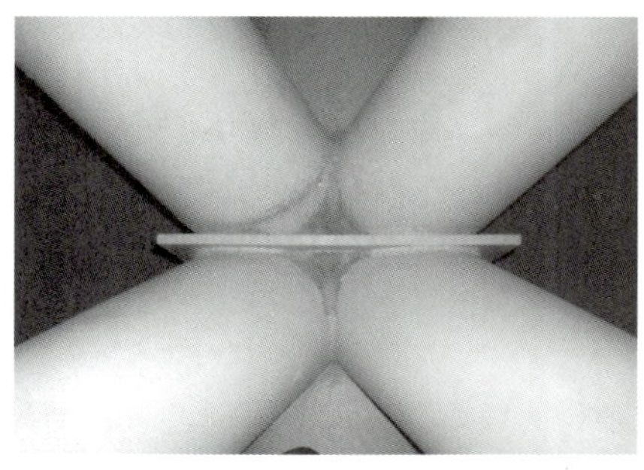

도장해서는 안되는 곳의 예

1. 고력볼트 마찰접착 면

   고력볼트 마찰면은 도장하지 않고 마찰성능을 높일 목적으로 Shot Blast 로 강재표면을 상처를 낸 Blast처리면 혹은 붉은 녹이 발생할 때까지 양생한 후에 건축현장에 반입한다.(상도, 중도, 하도)
2. 주각 콘크리트의 매립하는 부분
3. 모르타르
4. 현장 용접하는 부분

HINT

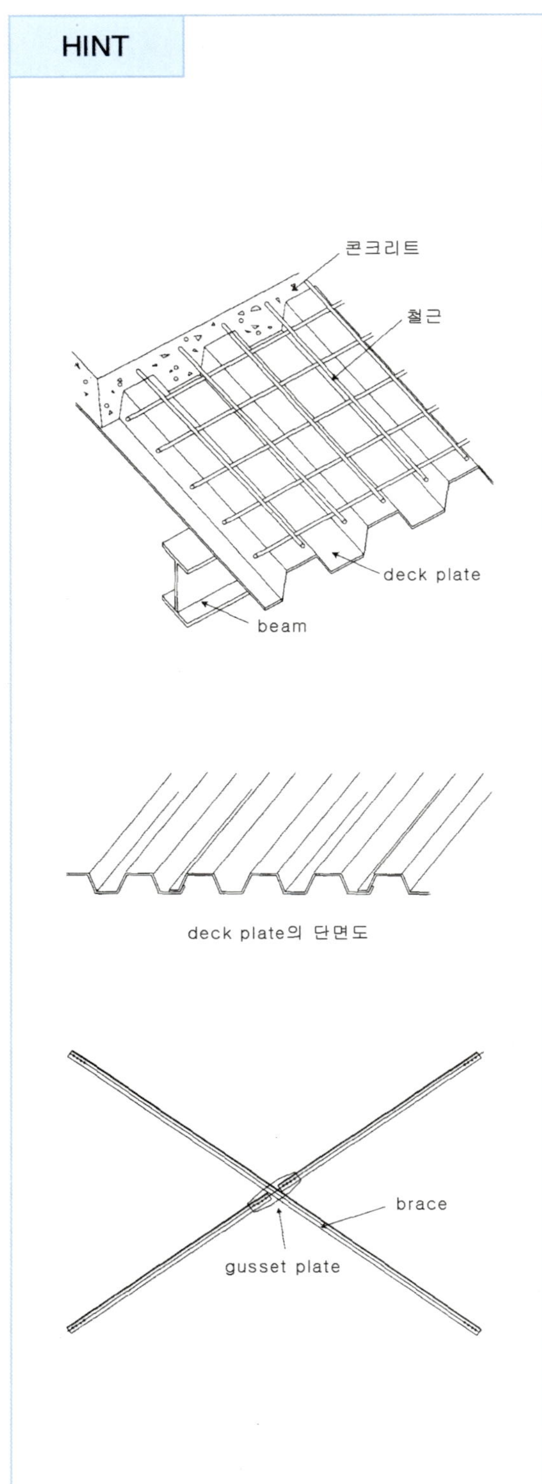

CHECK POINT

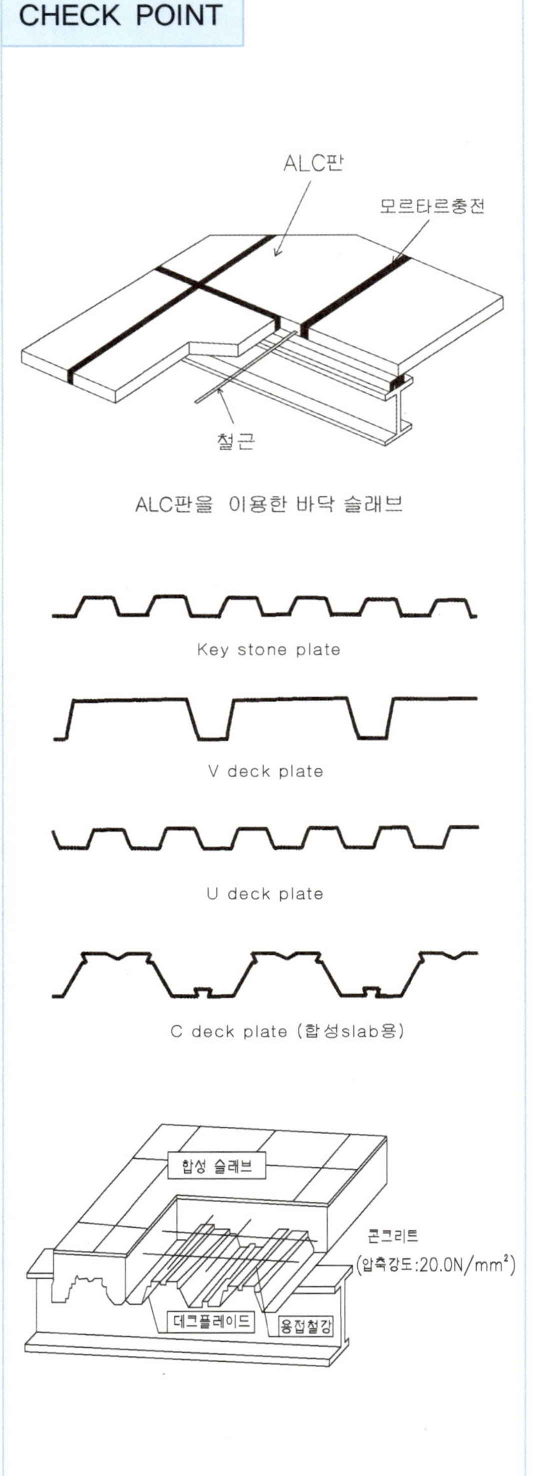

현장에서는...

데크플레이트 시공

거푸집용 데크플레이트의 배근

시어커넥터-1

데크플레이트 용접

시어커넥터-2

콘크리트 타설

시어커넥터-3

트러스 데크플레이트

일자형 트러스 데크

(8) 계단 ; (Point)

계단의 제작은 세세한 작업이 많으므로 핀셋을 준비한다. 가셋 플레이트의 접합위치에 침으로 marking하는 것을 잊지 않도록 주의한다.

(사용부품도 번호 No.5, No.17, No.19)

1. 부재의 절취

다음에 나타내는 부재(부품도 No.4, No.12)를 절취한다.

계단 보 4장, 계단 2장, 가셋 플레이트 6장

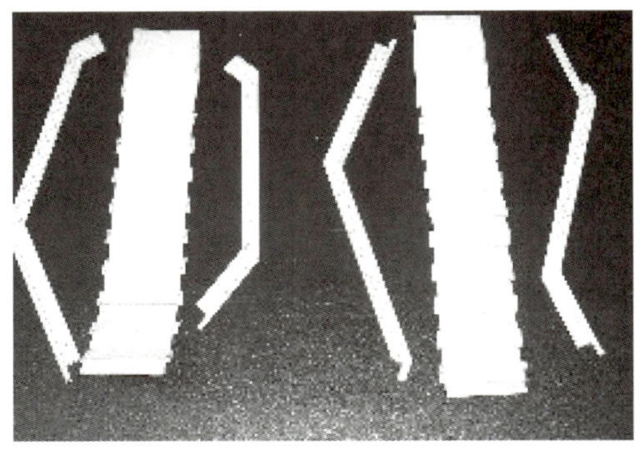

2. 발판, 계단 앞면의 접는 면 넣기

침(pin)과 Cutter Knife를 이용해서 계단 발판과 앞면 부분의 계곡 선, 산허리 선 넣는 작업을 반복한다.

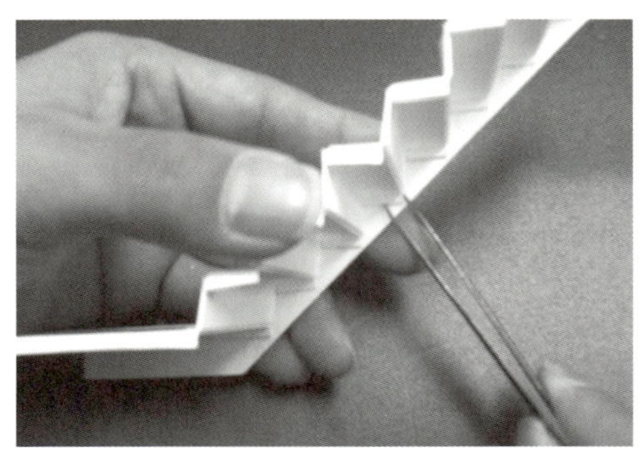

3. 계단 보에 붙이기

계단 부분을 계단 보에 붙인다.

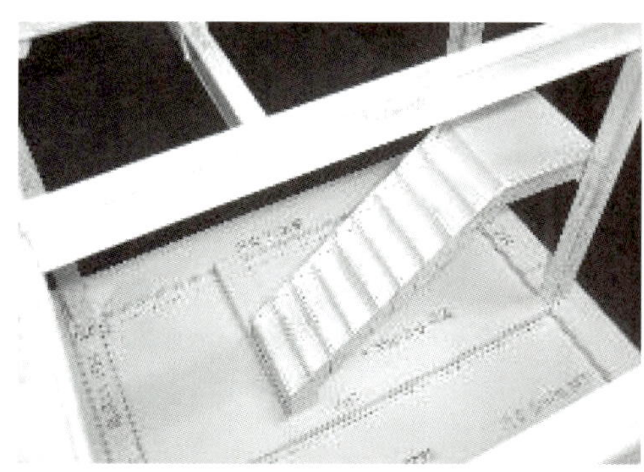
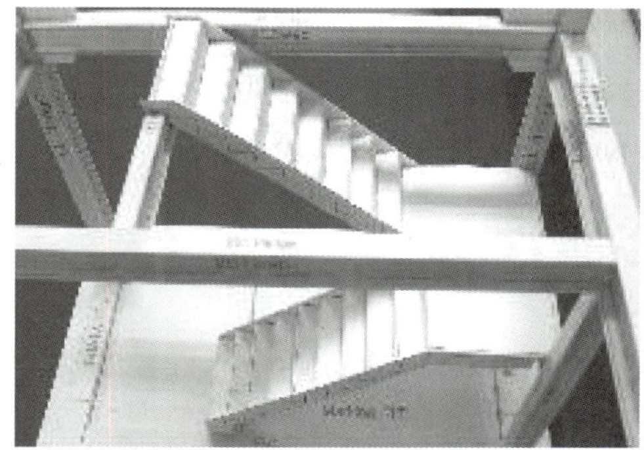

4. 가셋 플레이트 붙이기

상부 계단의 2층 보 받이용 가셋 플레이트를 침으로 마킹한 위치에 붙인다.

같은 방법으로 상, 하부 계단의 계단참 앞쪽에 침(pin)으로 마킹한 2개소의 위치에 가셋 플레이트를 붙인다.

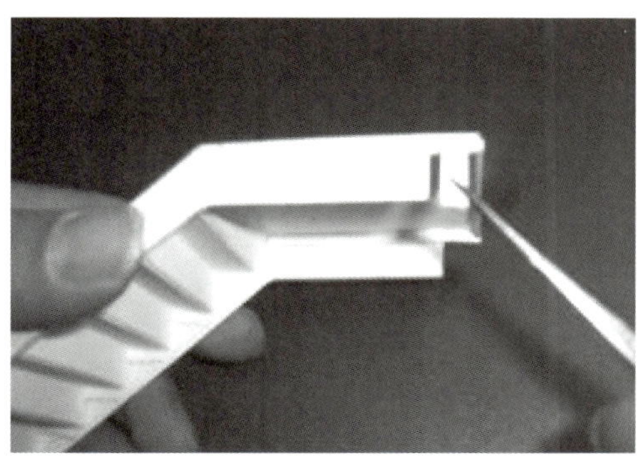

5. 계단참 뒷면의 보강부재 붙이기

계단참 부분의 뒷면의 침(pin)으로 마킹한 위치에 보강부재를 붙인다.

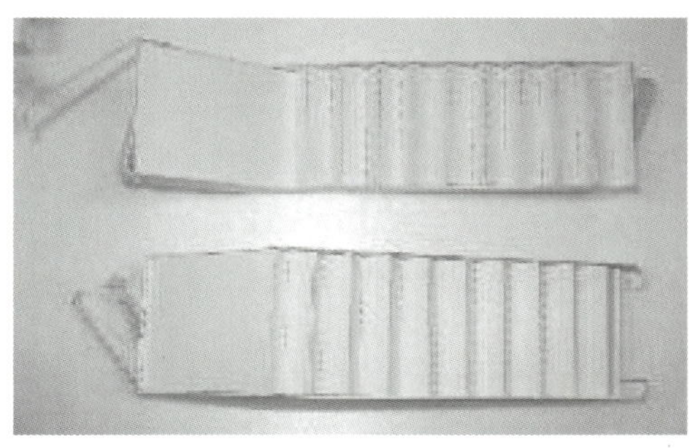

HINT 계단평면상세도

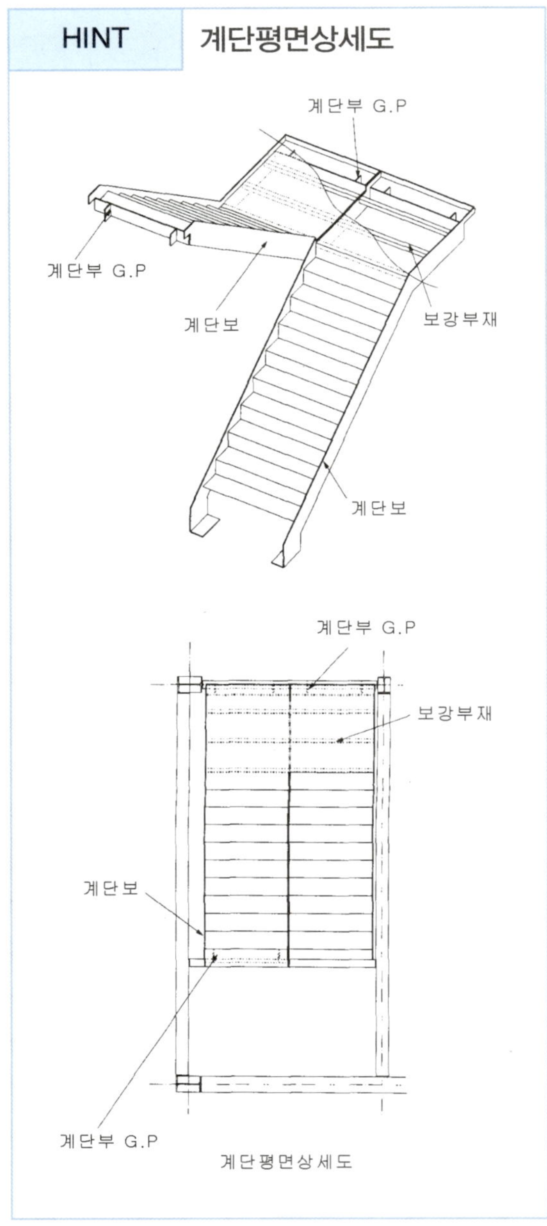

현장에서는...

CHECK POINT 계단의 종류

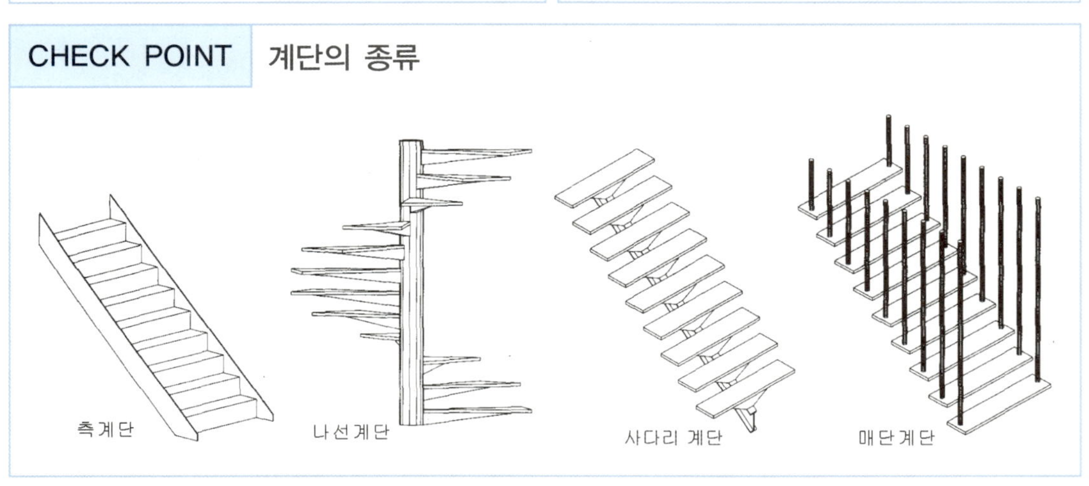

사전지식

공사현장에서는 강구조 부재 공장제작과 병행해서 기초공사가 진행되고, 기초공사 종료 후에 공장에서 제작한 부재를 트럭으로 반입하여 세우기 작업을 실시한다.

공사현장의 조립순서

1. 기초공사

2. 조립부재의 반입

트럭에 의한 제품반입

제품야적

3. 세우기

Truck에 의한 기둥의 양중

보 세우기

4. 세우기 교정(기둥경사 조정)

5. 고력볼트 체결

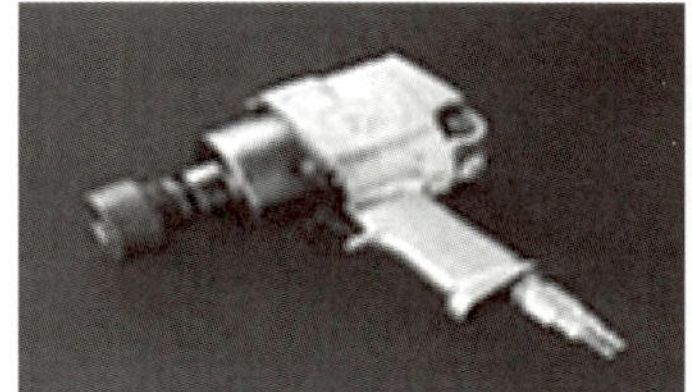

전용체결기구

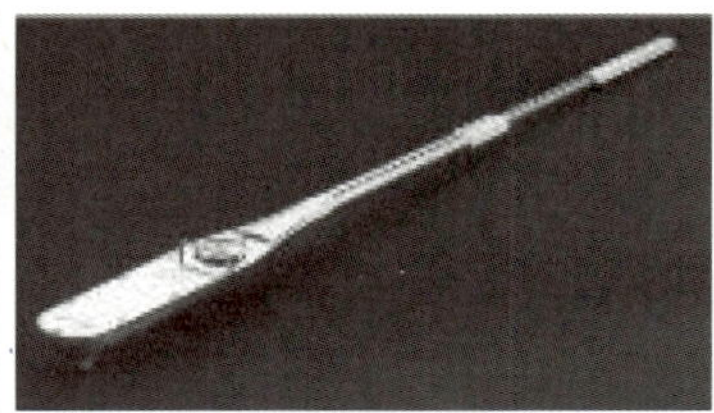

토크렌치

6. 바닥슬래브 콘크리트 타설

7. 현장용접

기둥 현장 용접 부분

8. 칸막이벽

(9) 기초 ; (Point) 기초 밑판(지반면)은 2장의 폼보드를 맞붙여서 1장으로 해서 사용한다. 기초 밑판의 용지를 벗기기 전에 기초 보 상부 및 주각 콘크리트의 조립위치를 침(pin)으로 폼보드에 마킹을 해둔다. 폼보드는 별도로 준비한다.

(사용부품도 번호 No.1 ~ No.3)

1. 마킹

기초부재를 붙이는 부재 시트의 마킹위치에 침(pin)으로 마킹한 후에, 기초 밑면의 용지를 벗긴다.

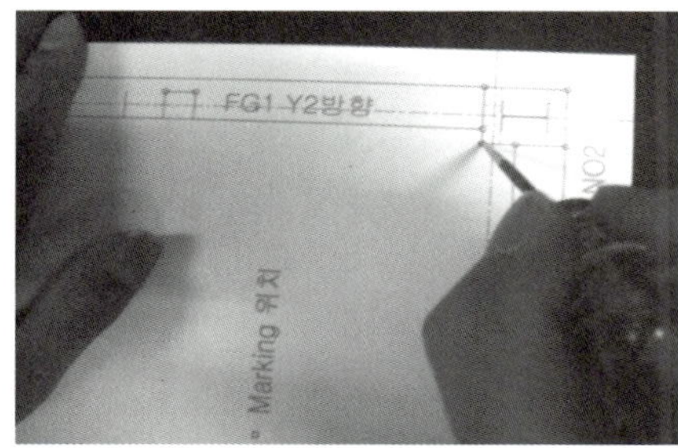

2. 지반의 조립

기초밑면(부품도 No.1, No.2)의 "풀을 칠한 부분"은 폼보드의 발포 스티로폼 부분을 제거하고, 다음 그림과 같이 맞붙여서 1장으로 한다.

3. 기초의 조립

주각 콘크리트 부품을 절취해서 2장을 마주보고 맞붙여서 1장으로 한 후, 침(pin)으로 마킹한 위치에 붙인다.

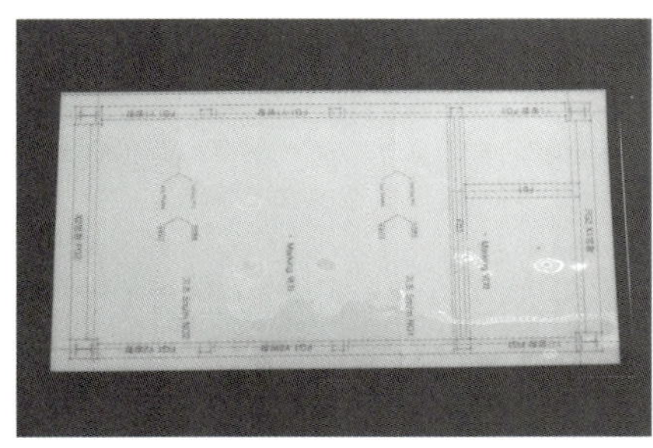

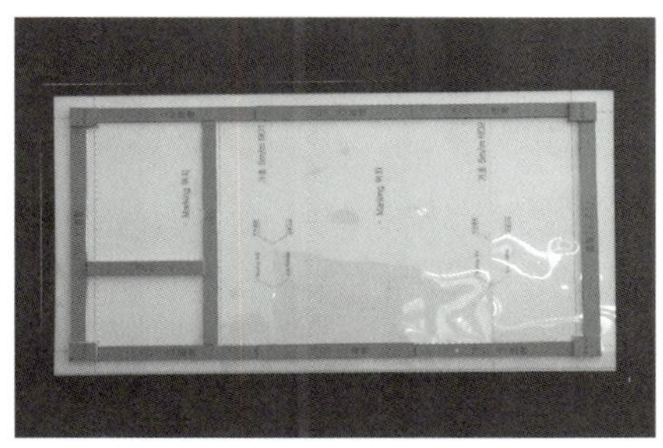

지중 보의 상부(지상)부재도 같은 방법으로 부품을 절취해서 침(pin)으로 마킹한 위치에 붙인다.

HINT

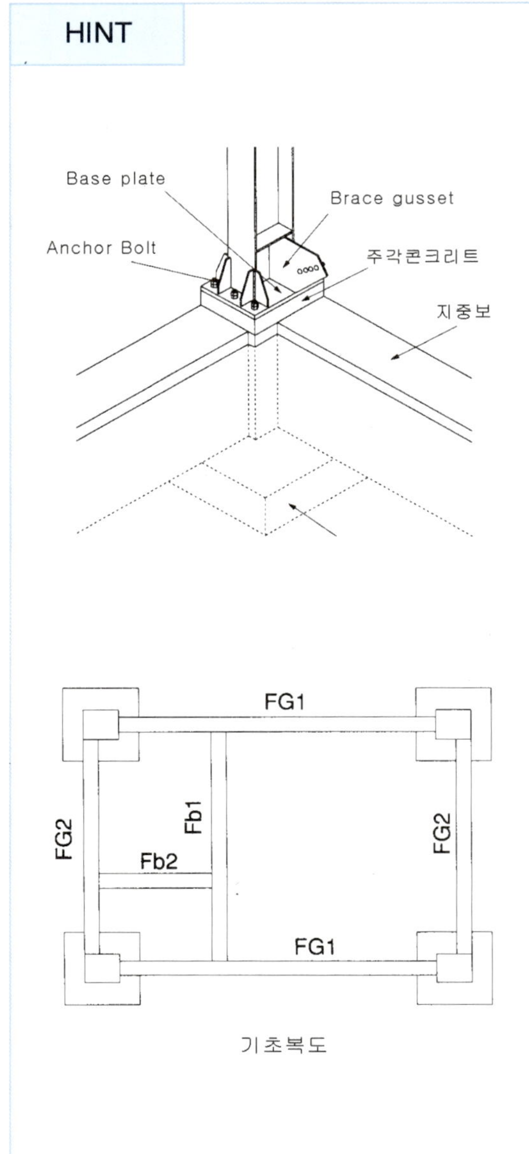

기초복도

현장에서는...

CHECK POINT 앵커볼트의 설치방법

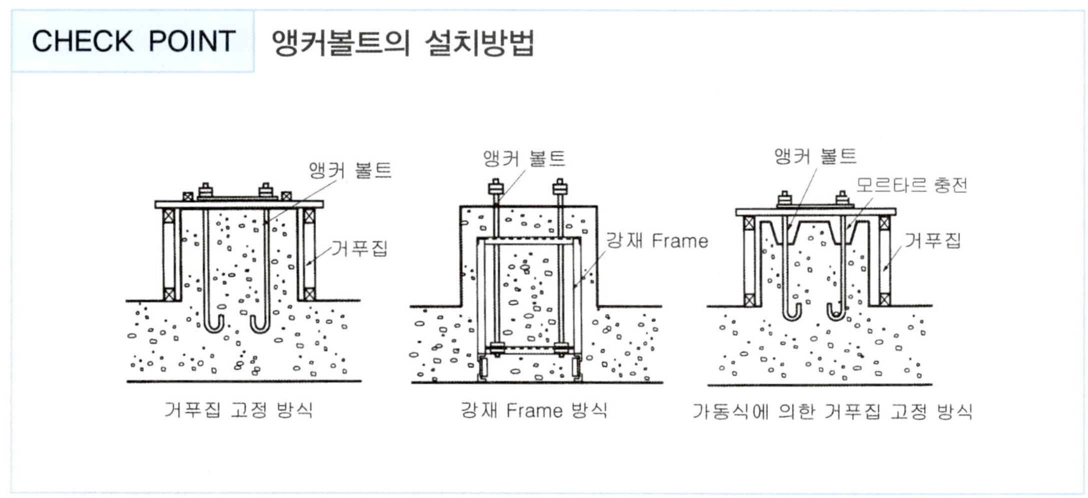

거푸집 고정 방식 / 강재 Frame 방식 / 가동식에 의한 거푸집 고정 방식

(10) 세우기 1 ; (Point)

부품 No.4에서 2F큰 보이음매용 splice를 절취해서, 핀셋을 이용해서 1층 기둥, 2층 보 Bracket부와 큰 보를 접합한다.

(사용부품도 번호 No.5, 사용부재 ; 1C1, 2G1, 2G2)

1. 1층 기둥의 세우기

기둥(1C1)을 네 코너의 주각콘크리트 위에 접착시킨다. 이 때 기둥의 기울어짐을 교정하면서 작업을 진행한다.

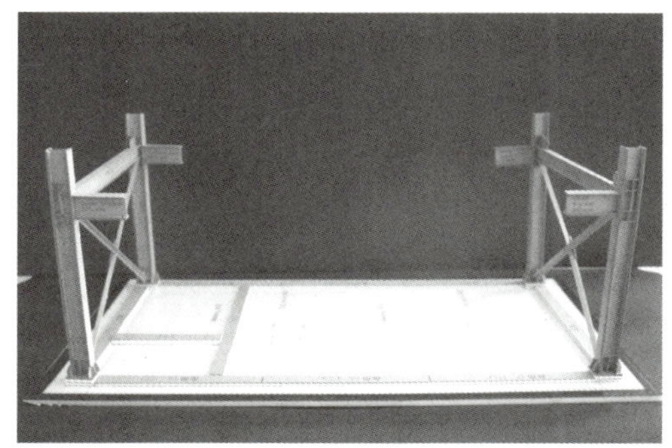

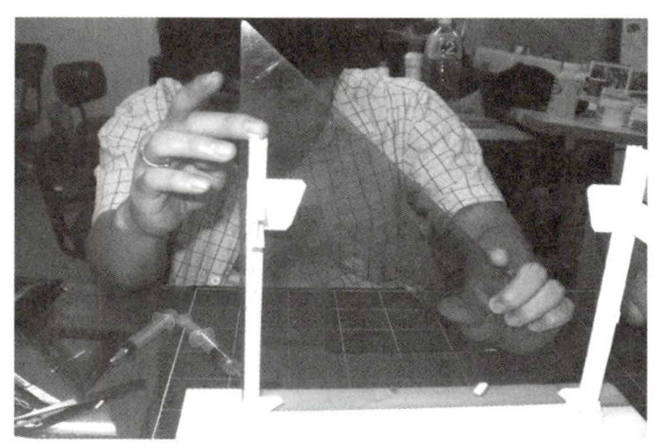

2. 2층 보 붙이기

마스킹 테이프를 이용해서 보의 접합부가 직각이 되도록 임시 조립한다.

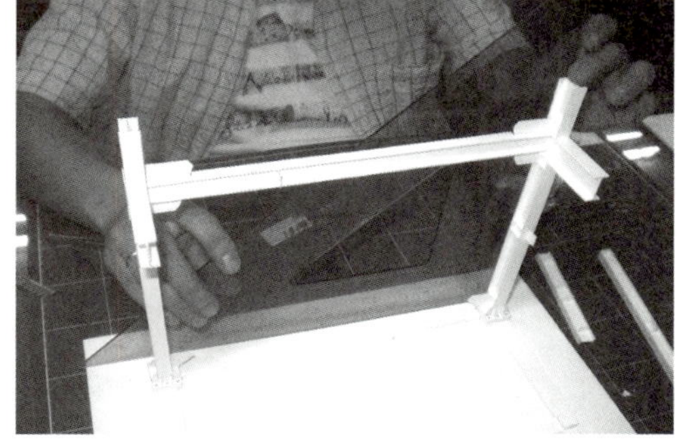

3. Splice Plate 붙이기

고력볼트의 너트부분이 플랜지의 외측, 웨브의 외측이 되도록 붙인다.

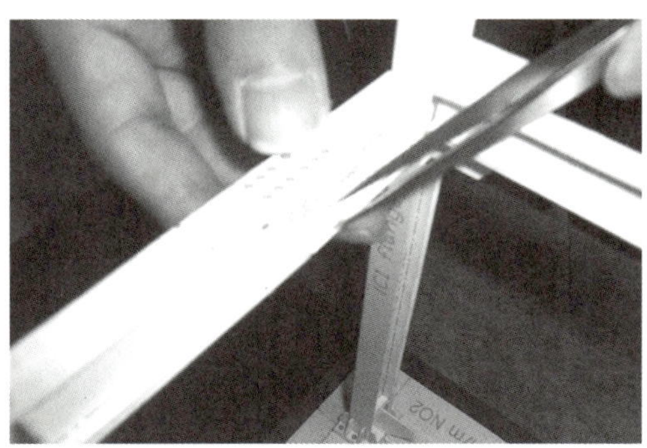

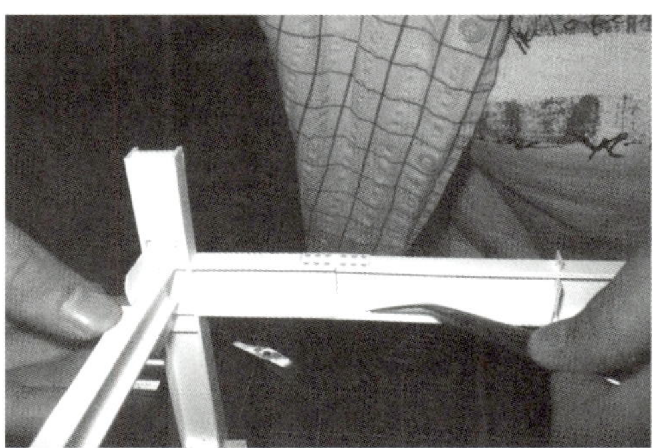

4. 세우기 교정

2층 보 부재 사이의 수평방향의 비틀림을 보정한 후에, 보(2G2)를 Brace단부의 Gusset Plate에 붙인다.

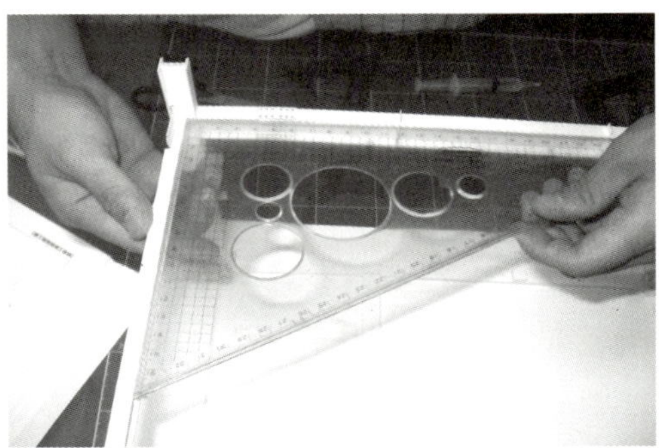

HINT

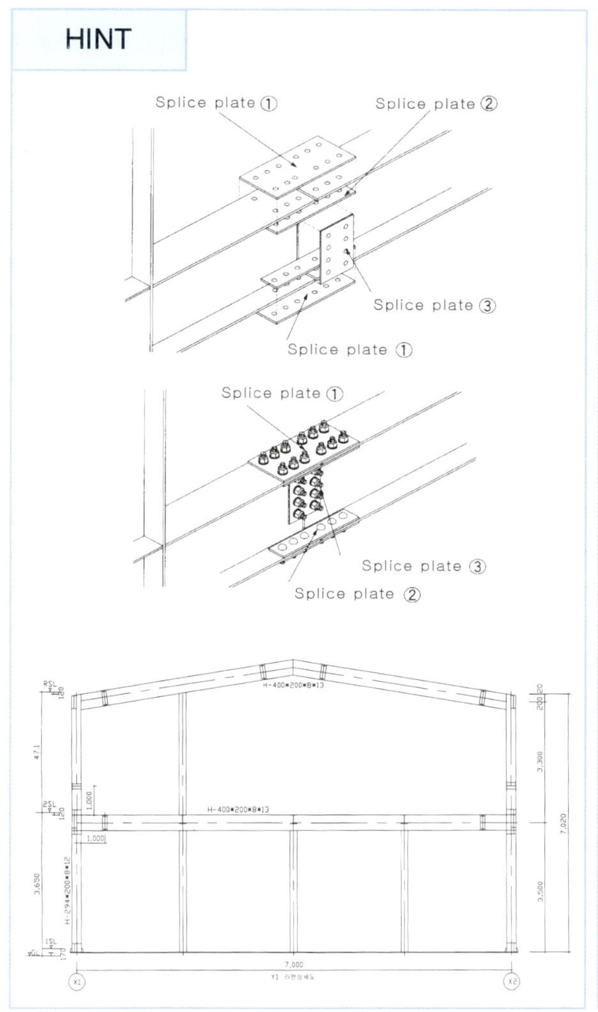

현장에서는...

기둥의 양중 상황

CHECK POINT 고력볼트의 힘의 흐름과 파괴의 종류

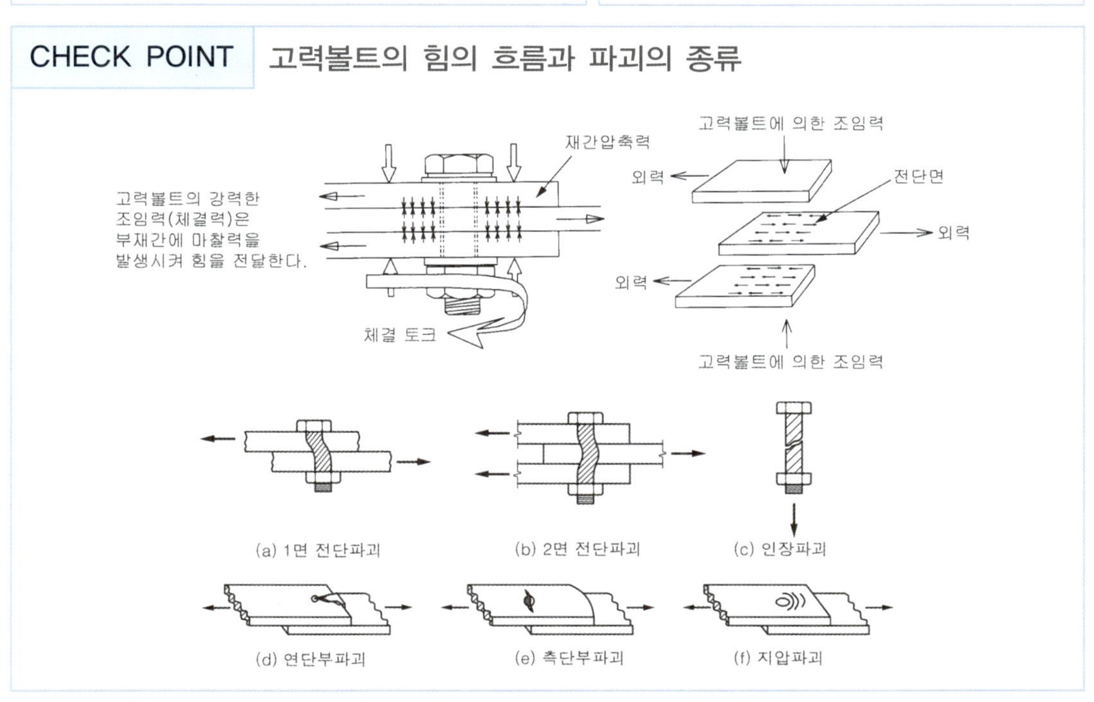

(a) 1면 전단파괴 (b) 2면 전단파괴 (c) 인장파괴

(d) 연단부파괴 (e) 측단부파괴 (f) 지압파괴

사전지식

세우기 정확도

철골건물의 경사, 비틀림, 기둥-보 세우기 정확도의 허용오차는 다음과 같이 한다.

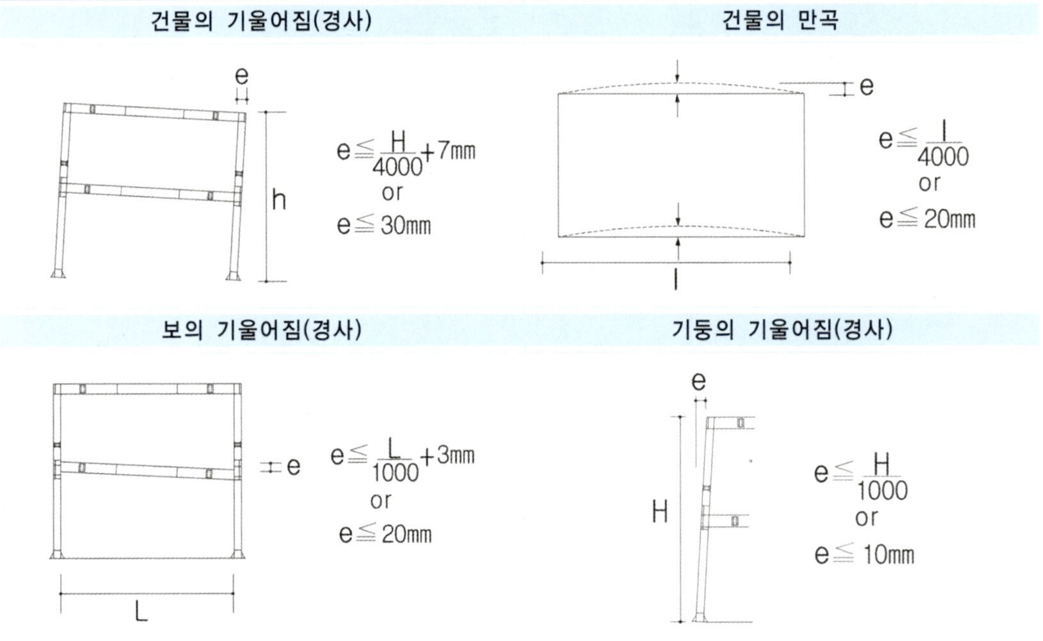

고력볼트의 종류

마찰접합에 사용하는 고력볼트는 체결방법에 따라, 고력 6각 볼트, TS형 고력볼트 등이 있다. TS고력볼트는 소정의 체결력이 가해지면 Pintail의 파단과 Marking으로, 육안으로 목표 체결치를 알 수 있다.

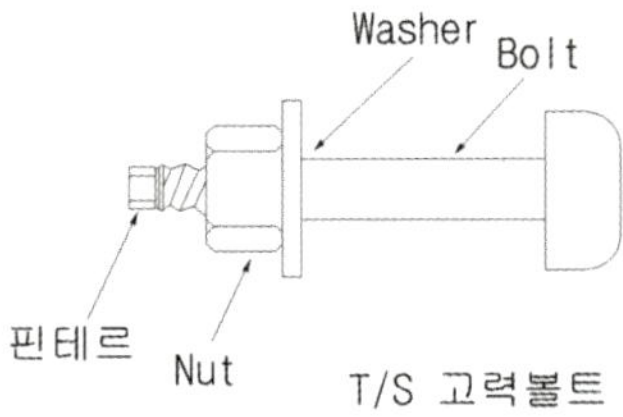

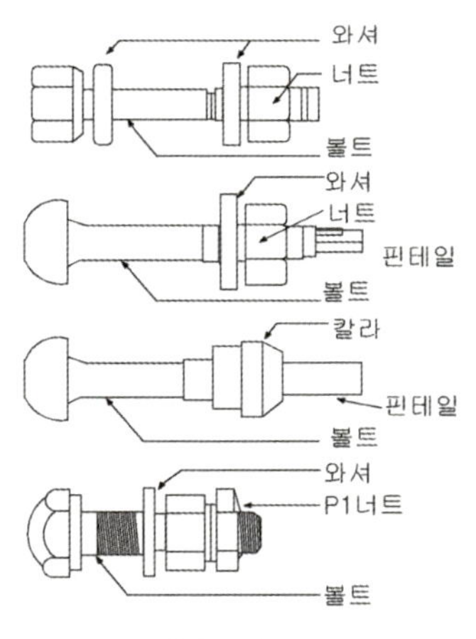

고력볼트의 종류

고력볼트의 체결방법

고력볼트의 체결공법은 Torque 회전법(체결을 Torque의 회전량으로 판정), Nut 회전법(Nut를 미리 정해진 각도까지 회전시켜서 회전량을 판정)이 있다.

TS고력볼트의 체결공법은 Torque 회전법을 이용한 것으로 전용 체결 렌치를 이용해서 Pintail이 파단할 때까지 체결한다.

고력볼트의 접합공구

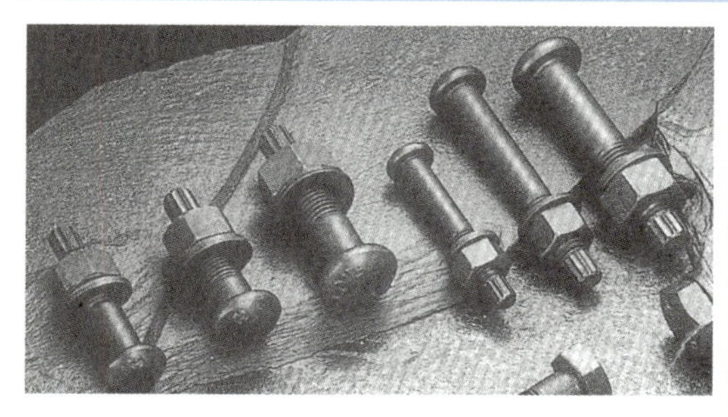

고력볼트의 체결공구에는 수동식 토크렌치, 다이얼형 토크렌치, 전동식 체결기기, TS전용 렌치 등이 있다.

TS형 고력볼트의 접합방법

체결작업의 순서는 입시볼트로 밀착시킨 후 규정토크치가 되도록 1차 체결하고, Marking한 후에 본체결의 3단계로 나누어서 행한다.

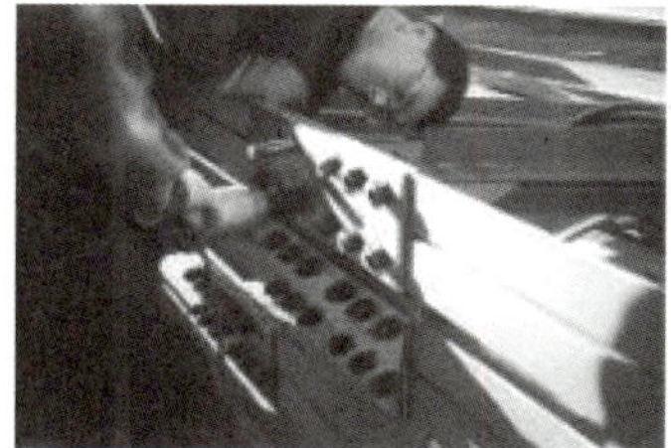

1차 체결

임시볼트에 의한 밀착부의 순서대로 고력볼트를 삽입해서 1차 체결을 한다. 접합부의 중앙부에서 주변을 향해 체결한다.

Marking

1차체결작업의 확인과 본 체결 완료후의 Nut 회전량, 같이 돌기, 축회전 유무 등의 검사를 위해서 Bolt, Nut, Washer, 철골부재에까지 Marking을 한다.

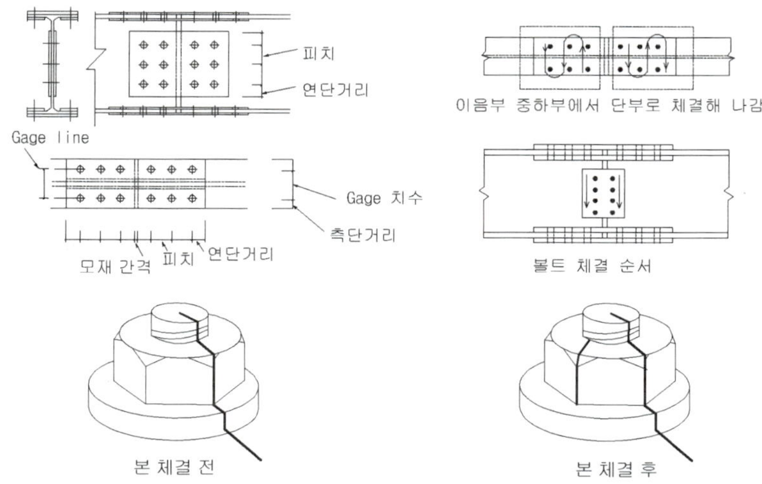

마킹의 어긋남(120°)에 의해서 본 체결의 작업종료를 확인한다.

본 체결

본 체결 작업 공구는 고력볼트의 Pintail이 파단할 때까지 체결하는 TS고력볼트 전용 렌치를 이용한다. 체결 시에는 Bolt의 같이 돌기, 축 회전 유무에 주의한다. 또한 접합개소의 상황에 따라 전용렌치를 사용하지 못하는 경우는 Bolt를 6각 Bolt로 변경해서 체결한다.

(11) 세우기 2 ; (Point) 1층 부분에 샛기둥(1P2)을 세운 후에, 계단을 받는 2차 작은 보(1b1)를 2층 작은 보, 2차 작은 보 조립한다. 이 때, 샛기둥이 수직으로 되어 있는지 3각형 자 등을 이용해서 확인해야 한다.

(**사용부품도 번호** No.10, No.13, **사용부재** ; 1B1, 2b1, 1b1, 1P2)

1. 2층 작은 보의 조립

작은 보(2B1)를 붙이는 위치와 방향에 주의해서 붙인다.

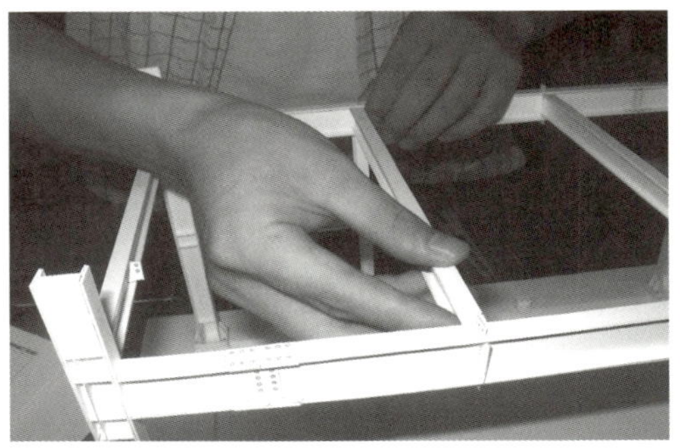

2. 계단받이 2차 작은 보의 조립

계단을 받아주는 2차 작은 보(2b1)를 조립한다.

3. 계단참을 받는 2차 작은 보의 조립

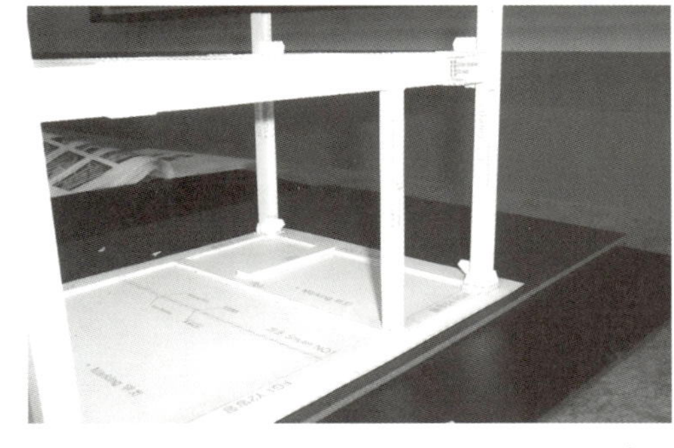

작은 보를 기둥과 샛기둥에 걸쳐서 조립한다.

HINT

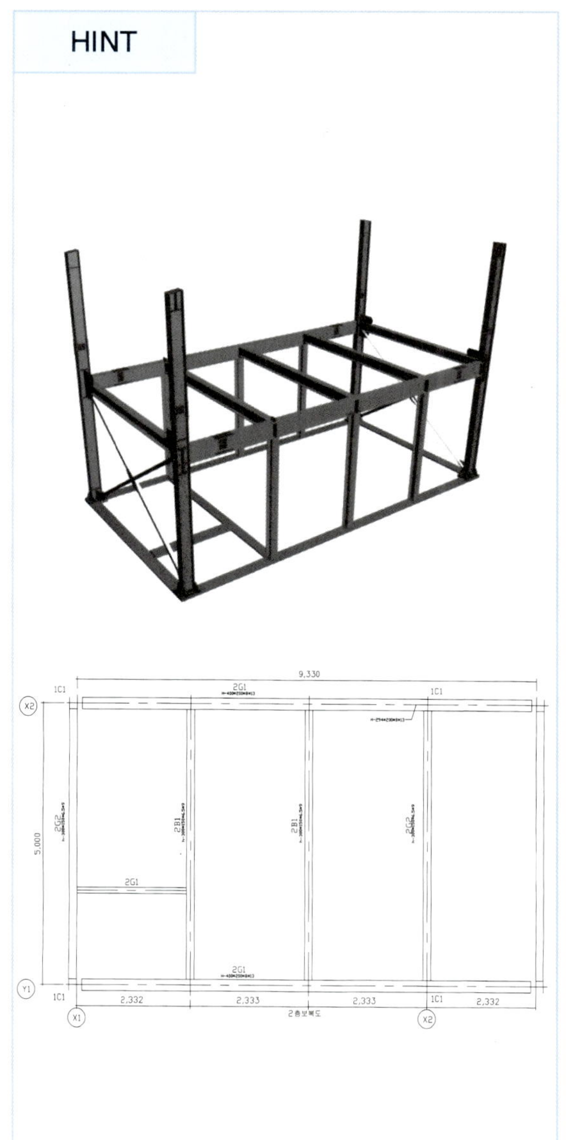

현장에서는...

CHECK POINT Girder, Beam의 연결부

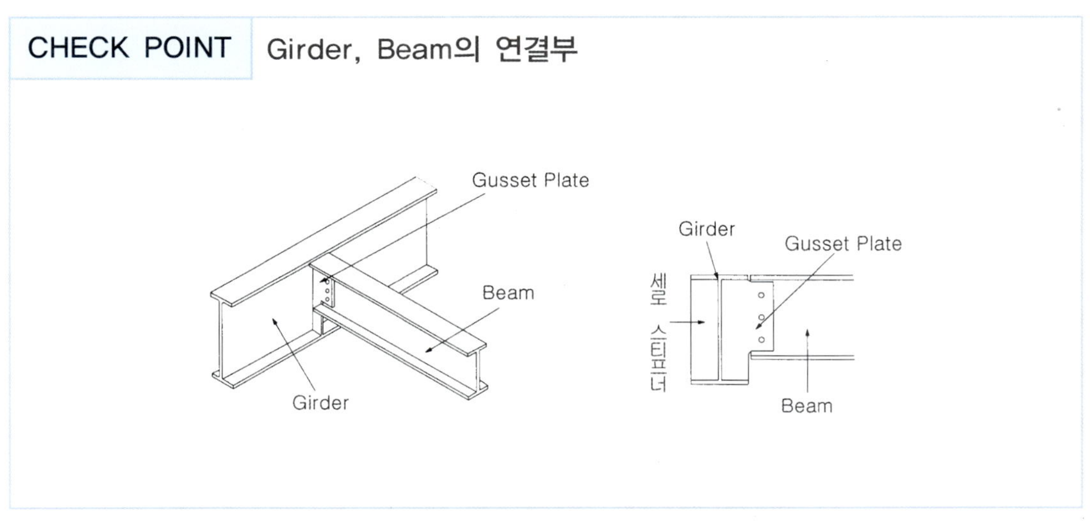

사전지식

세우기 방법

일반적인 강구조의 세우기에는 수평식과 입체식이 있고, 사용하는 크레인의 종류나 세우기 작업의 진행방법에 따라 정해진다.

(수평식) : 세우고 빠지는(이동하는) 형식

이동식 크레인으로 Block별로 세우고 뒤로 이동하면서 One span 최상층까지 한꺼번에 세우는 형식으로 고소(高所)작업이 되는 수가 많고 추락사고(轉落)등의 재해 방지에 주의해야 한다. 폭이 좁고 깊이가 긴 부지의 경우 많이 이용된다.

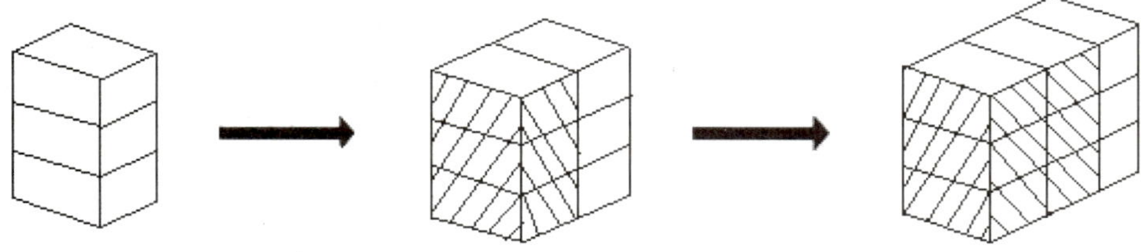

(입체식) (적층식)

주로 타워 크레인 등의 고정식으로 각층별로 평면적으로 쌓아 올리는 방법으로 Block별로 세운 후 뒤로 이동하면서 One span 최상층까지 한꺼번에 세우는 형식이고, 세우기의 정확도의 수정이 수평식에 비해서 용이하지만 대형크레인이 필요하게 된다. 대규모 건물의 경우 많이 사용한다.

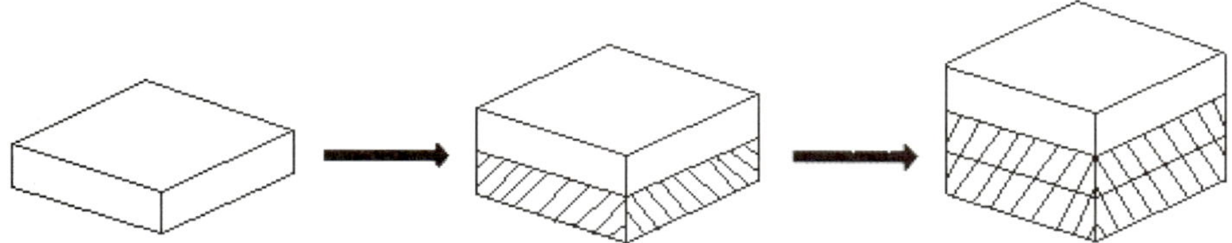

강구조 조립공사

자재반입

기둥용접

기둥세우기

비파괴검사

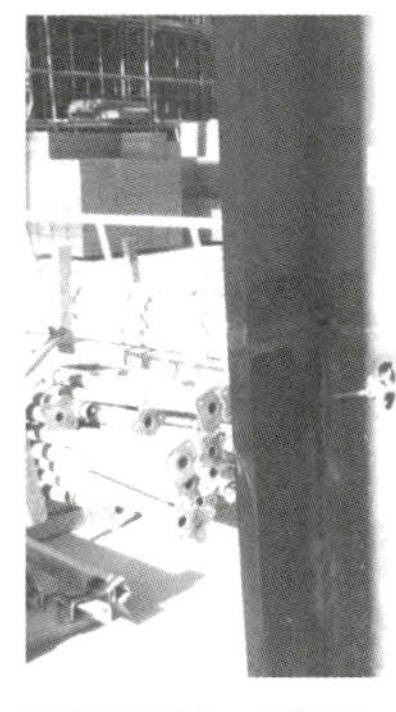

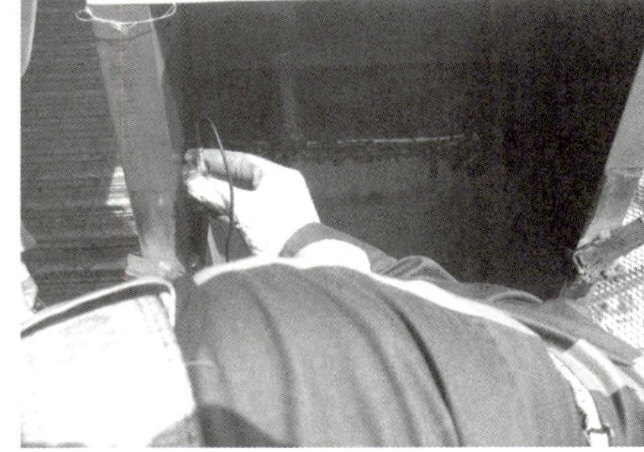

골조세우기

기둥의 가설자재

세우기 후 현장에서 취부할 시에 위험한 고소작업이 되는 가설부재나 부품은 공장 제작 시에 미리 상의하는 것이 중요하다. 공작도에 기입해둘 우선 가설부재나 부품에는 부재양중 Piece, 기둥의 승강용 Trap, 구명 Rope, 연결용 Piece, 안전 net 연결용 Piece, 세우기용 Wire 등이 있다.

현장의 안전관리

철골공사는 고소작업이 많고 추락, 비산, 낙하 등의 중대 재해의 위험성이 높다. 방지책은 안전 띠의 사용 의무화, 안전 Net 가설 등 철저한 안전작업의 확인과 주의가 필요하다.

(12) 계단 붙이기 ; (Point) 계단 붙이기는 2차 작은 보(1b1)의 가셋 플레이트와 계단 측의 가셋 플레이트를 접합한다. 접합면은 모두 인쇄면의 뒷면이 접착면이 된다. **(사용부재 ; 상부계단, 하부계단)**

1. 계단 붙이기

상부계단 부품을 2층 작은 보와 계단참 받이용 작은 보에 걸치듯이 가셋 플레이트에 붙인다.

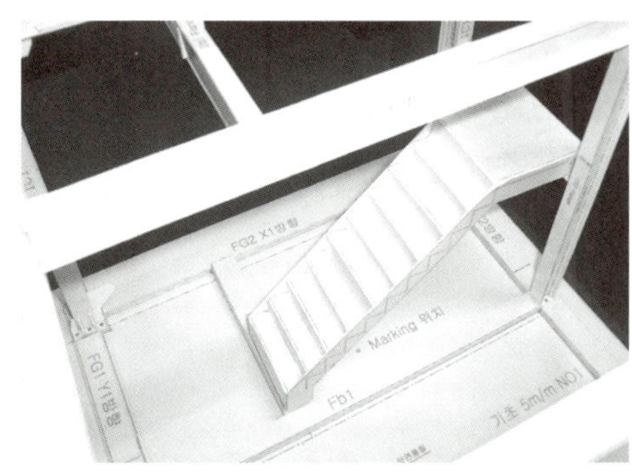

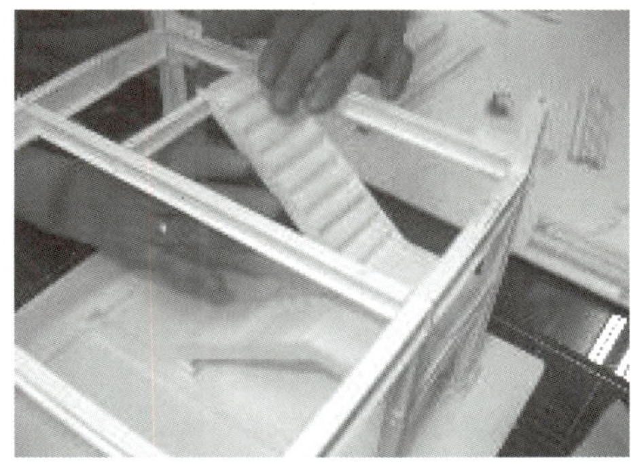

하부 계단도 같은 방법으로 작은 보와 기초보에 붙인다.

HINT

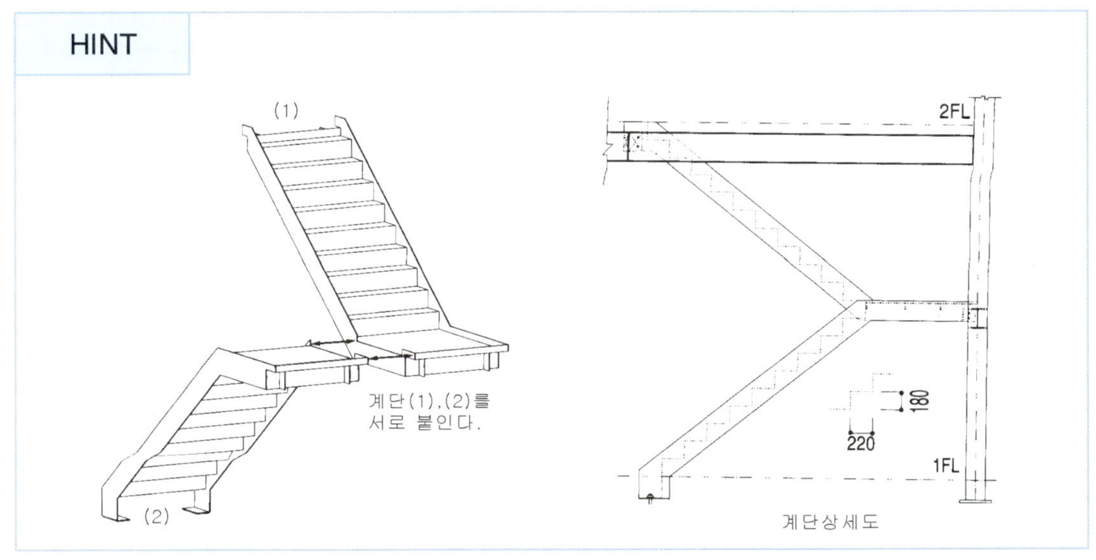

사전지식

용접기능 테스트

용접기

용접기 정격방지기

건식벽체(멀리언)

Arc 용접에 사용하는 용접봉은 온도의 영향을 받기 쉬우므로 건조상태로 보관한다.
현장용접은 바람, 비, 눈 등의 기후나 기온의 영향을 받기 쉽고 주의가 필요하다. 용접공법은 피복 Arc 용접이나 Self Shield Arc 용접이 이용된다.

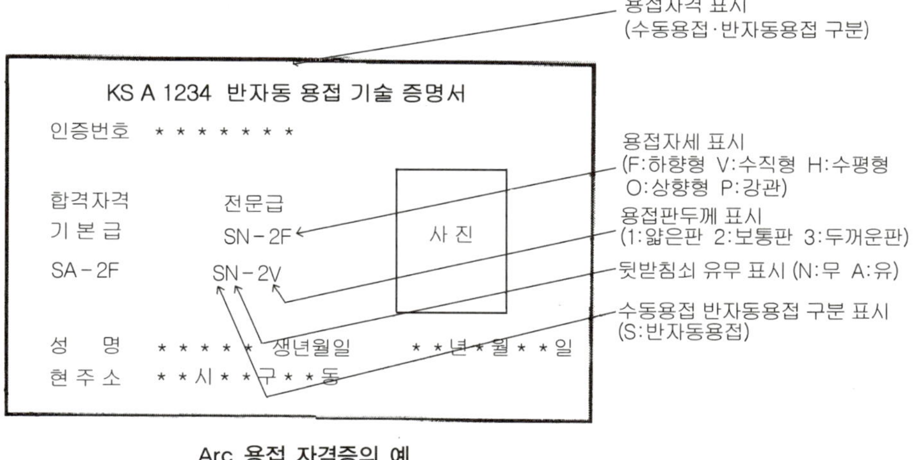

Arc 용접 자격증의 예

(13) 세우기 3 ; (Point)

1층의 세우기와 같은 방법으로 부품번호 No.4에서 RF 큰 보 이음용 2층 기둥, 옥상층 보 Splice를 절취해서 이음부의 접합을 한다.

(사용부품도 번호 : No.5, 사용부재 ; RG1, RG2, RB1, 2C1)

1. 2층 기둥의 조립

2층 기둥(2C1)을 마스킹 테이프를 이용해서 거의 수직이 되도록 가조립한다.

2. 기둥 이음부 Splice Plate의 조립

자(尺)를 이용해서 기둥의 기울어짐을 교정한 후, Splice Plate를 붙인다.

3. R층 보의 조립

2층 보와 같이, R층 보를 마스킹 테이프로 임시로 움직이지 않게 하고 코너부분부터 수직이 되도록 가조립을 한 후, "보(beam)"에 Splice Plate를 붙인다.

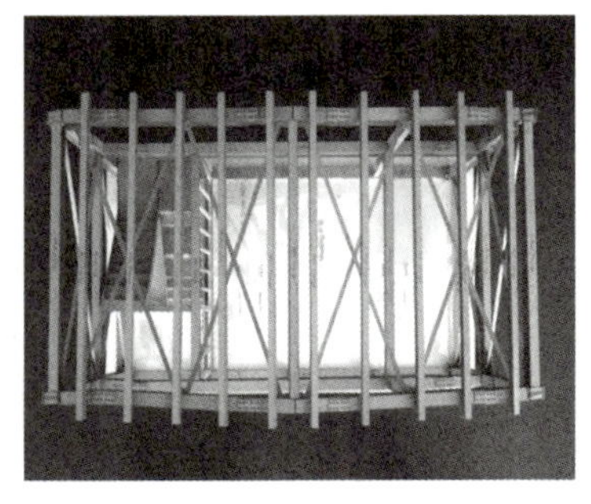

HINT

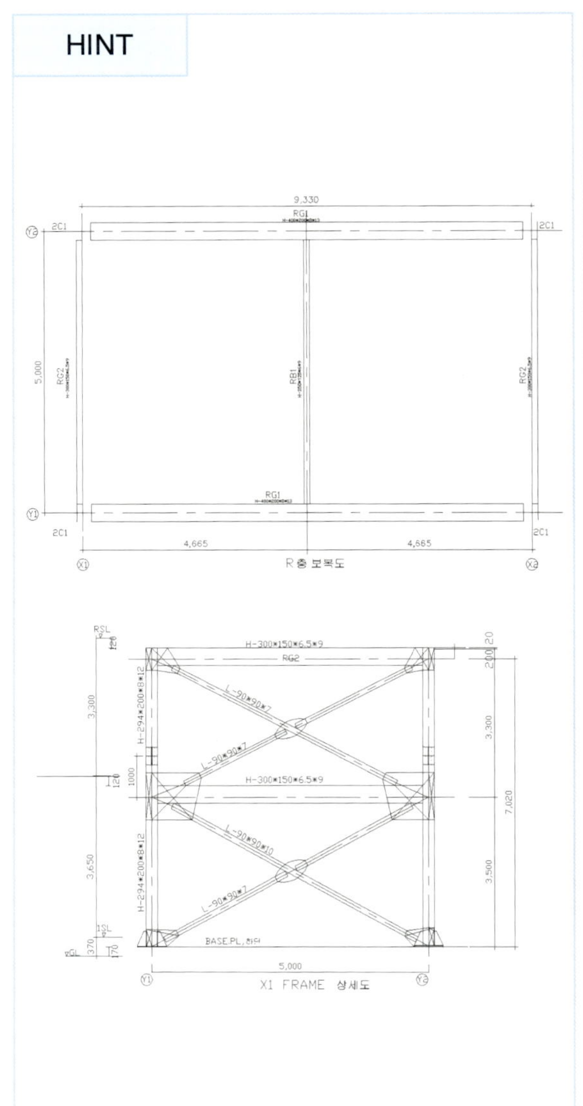

현장에서는...

철골세우기 상황

보의 임시체결볼트 체결상황

CHECK POINT 기둥이음부

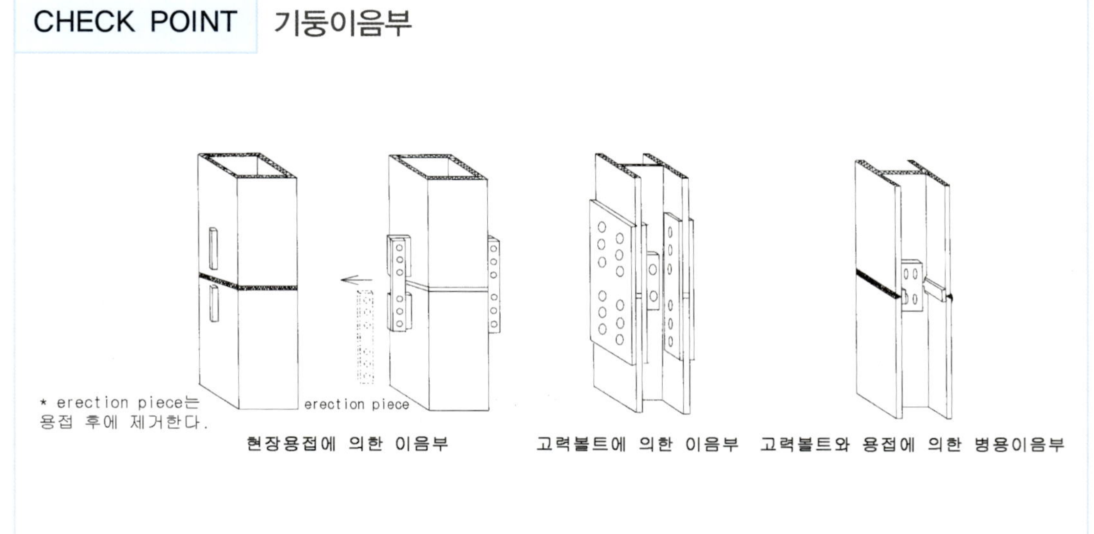

현장용접에 의한 이음부　　고력볼트에 의한 이음부　　고력볼트와 용접에 의한 병용이음부

(14) Brace, 샛기둥 ; (Point)

긴 Brace 1개와 짧은 2개의 Brace가 가셋 플레이트면에서 교차시킨다. 붙이기 전에는 가셋 플레이트면이 만나는 부분에 무리가 없는지 확인해야 한다.

(사용부품도 번호 : No.5, 사용부재 ; Brace 1P1, 2P1)

1. Brace 붙이기

가셋 플레이트에 맞춰서 Brace를 붙인다. 1층용과 2층용에서는 Brace길이가 다르므로 주의해야 한다.

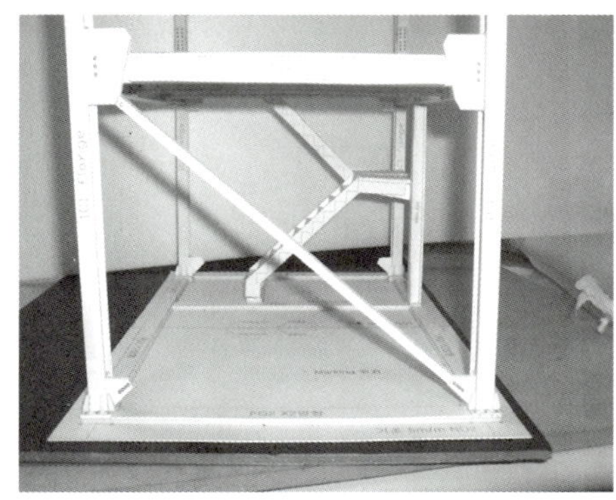

짧은 Brace를 가셋 플레이트로 일직선이 되도록 조립한 후, Cross모양으로 가셋 플레이트를 붙인다.

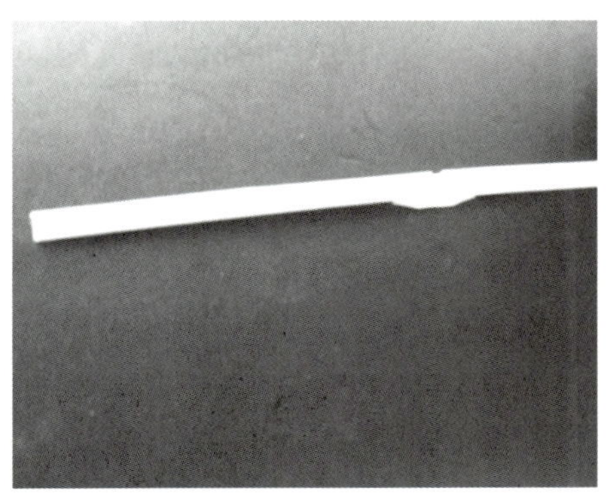

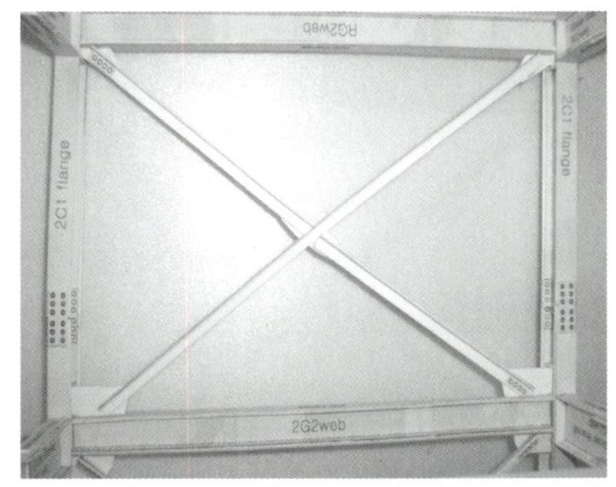

2. 샛기둥의 조립

샛기둥의 조립은, 그 후의 공정을 실시할 작업공간을 확보하기 위해, 1,2층의 일부를 남기고 붙인다.

HINT

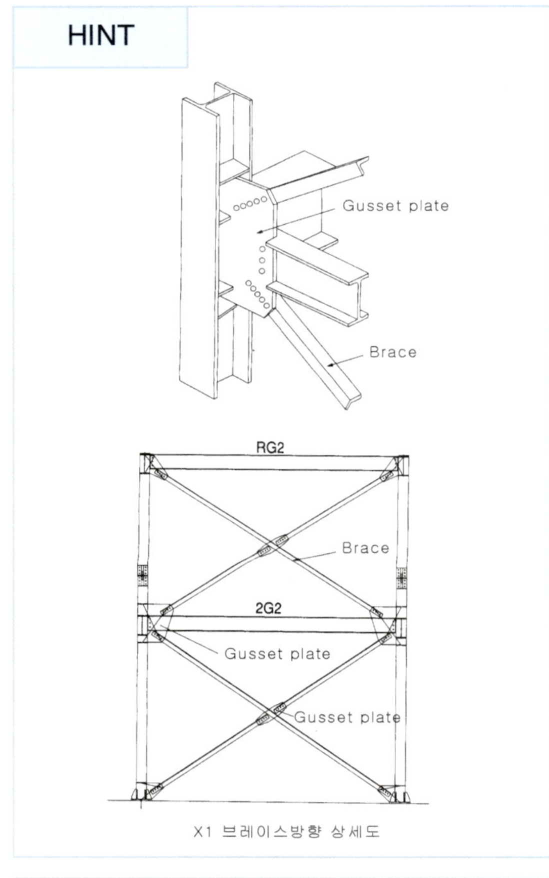

X1 브레이스방향 상세도

현장에서는...

Brace 취부상황

Brace용 Gusset plate

CHECK POINT Brace의 종류

사전지식

지진피해 상황

고베지진에서는 이음부, 주각부의 용접결함이나 시공불량에 의해 큰 피해를 입었다. 앞으로 건축 기술자는 시공현장의 관리뿐 아니라 구조체의 제작관리, 검사에 관한 지식을 심화해야 한다.

RC건물의 기둥에 생긴 전단파괴 균열(기둥화 단주화)

RC조 7층 아파트의 1층 주차장 기둥의 전단파괴

모살용접된 박스기둥의 파괴
(1층 필로티에 의한 2층의 낙하)

휨파괴에 의해 수평방향으로 큰 균열이 생김

RC조 아파트의 연결 브리지의 붕괴
(좌우건물의 강성의 차이)

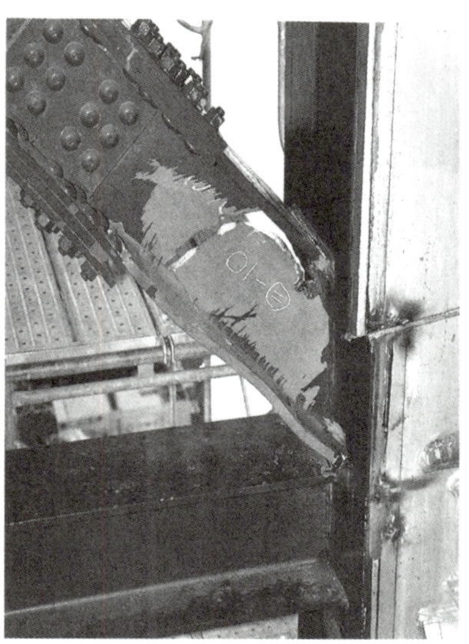

기둥의 취성파괴에 의한 Brace의 파단

(15) Deck Plate 붙이기 ; (Point)

"보(beam)"의 이음부는 플랜지보다 높기 때문에, 그 부분을 피해서 Deck Plate를 붙인다.

(사용부품도 번호 : No.18, 사용부재 ; Deck Plate)

1. Deck Plate받이 붙이기

Deck Plate받이는 보의 Splice Plate부분, "보(beam)"와 기둥의 접합부분에 Deck Plate를 붙일 수 있도록 보강하기 위해 붙인다.

2. Deck Plate가공

Deck Plate의 절취위치를 Splice Plate부분과 기둥과 "보(beam)"의 이음부분 및 샛기둥 부분에 닿게 해서 연필로 표시(印)를 한 후에 절취한다.

3. Deck Plate붙이기

Deck Plate의 세로방향의 이음부는 서로 맞대기를 한다. 횡방향 이음매는 단부를 약간 겹쳐서 접합한다.

HINT

Deck plate 받이

Deck plate 세로방향 이음부

Deck plate 횡방향 이음부

현장에서는...

Deck Plate의 취부상황

Pump차에 의한 바닥콘크리트 타설

CHECK POINT Deck Plate의 취부방법

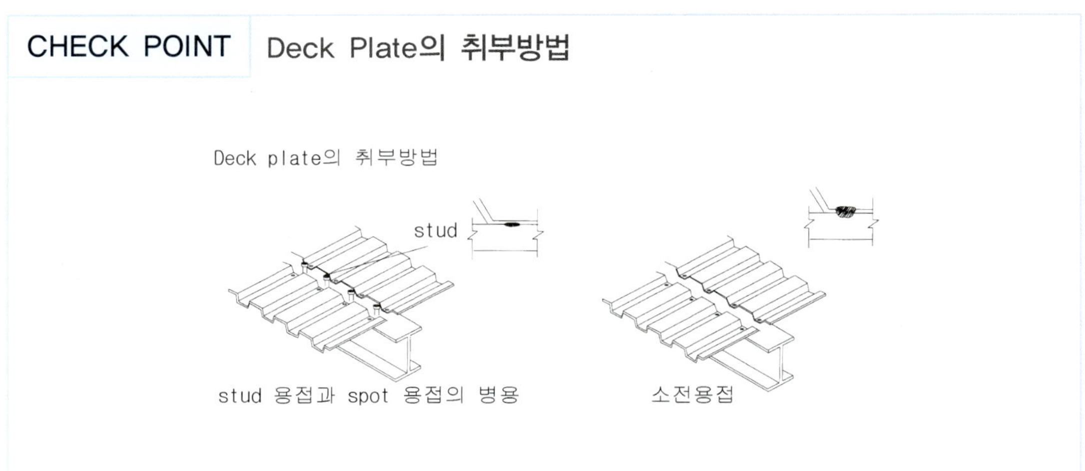

(16) 칸막이벽 ; (Point) 경량철골 칸막이의 조립은 세로 틀 보강을 한 후에 상하 틀의 Runner를 붙이고, 경량철골 샛기둥의 stud를 붙인다.

(사용부품도 번호 : No.4)

1. 토대 콘크리트 부분

부품번호 No.3에서 토대 콘크리트 부분을 절취한다. 침(pin)으로 마킹을 한 후에 붙인다.

2. 경량철골 칸막이벽 조립

세로 틀 보강재와 runner를 붙인다.

Stud를 토대 콘크리트의 마킹 부분에 맞춰서 붙인다.

HINT

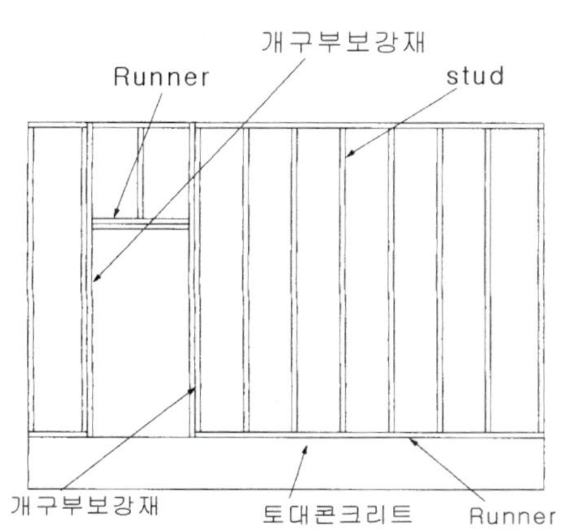

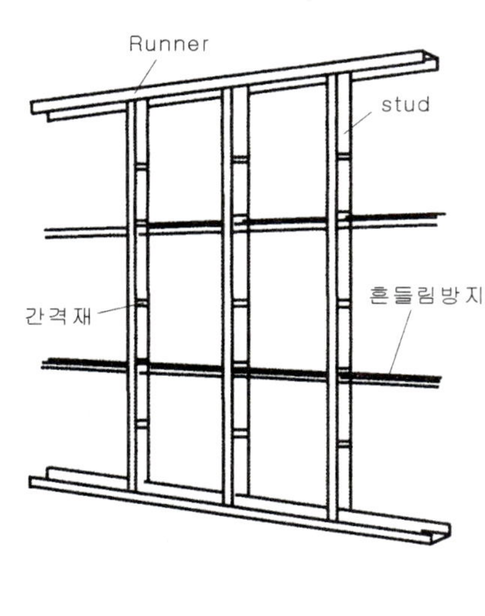

현장에서는...

<건식벽체>

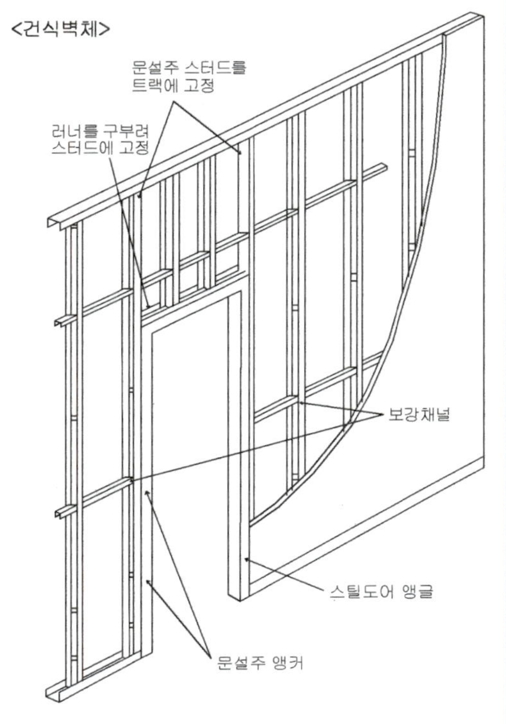

CHECK POINT ALC판 외벽의 취부방법

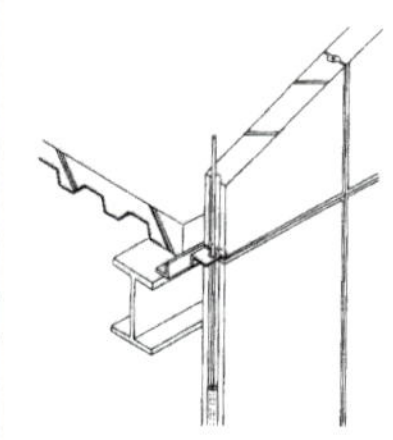

세로벽 삽입공법

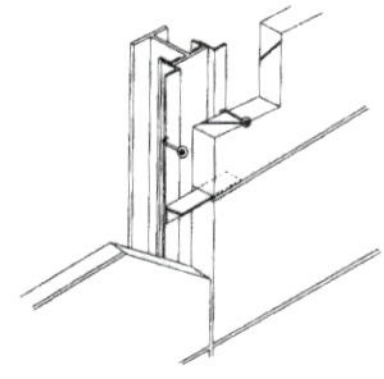

가로벽 볼트정착방법

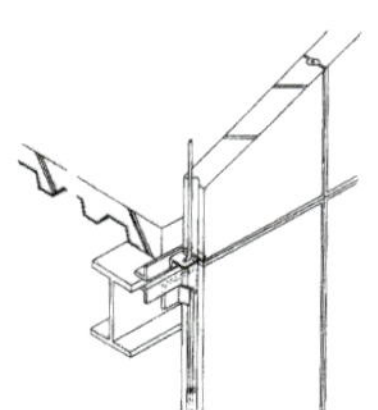

세로벽 slide공법

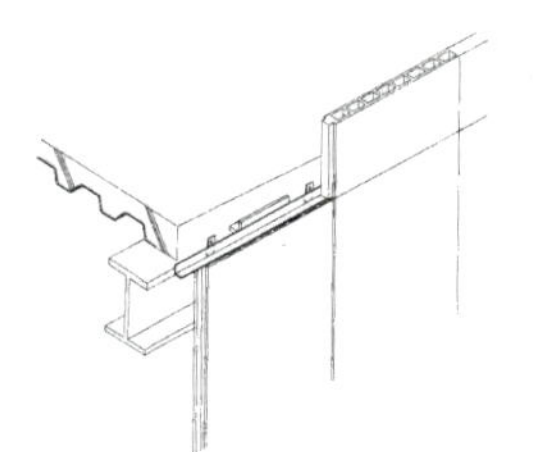

압출성형 cement판의 취부방법

부록

자료_ 참고도면

자료_ 관련도면(부품도 No.1~19)

참고도면

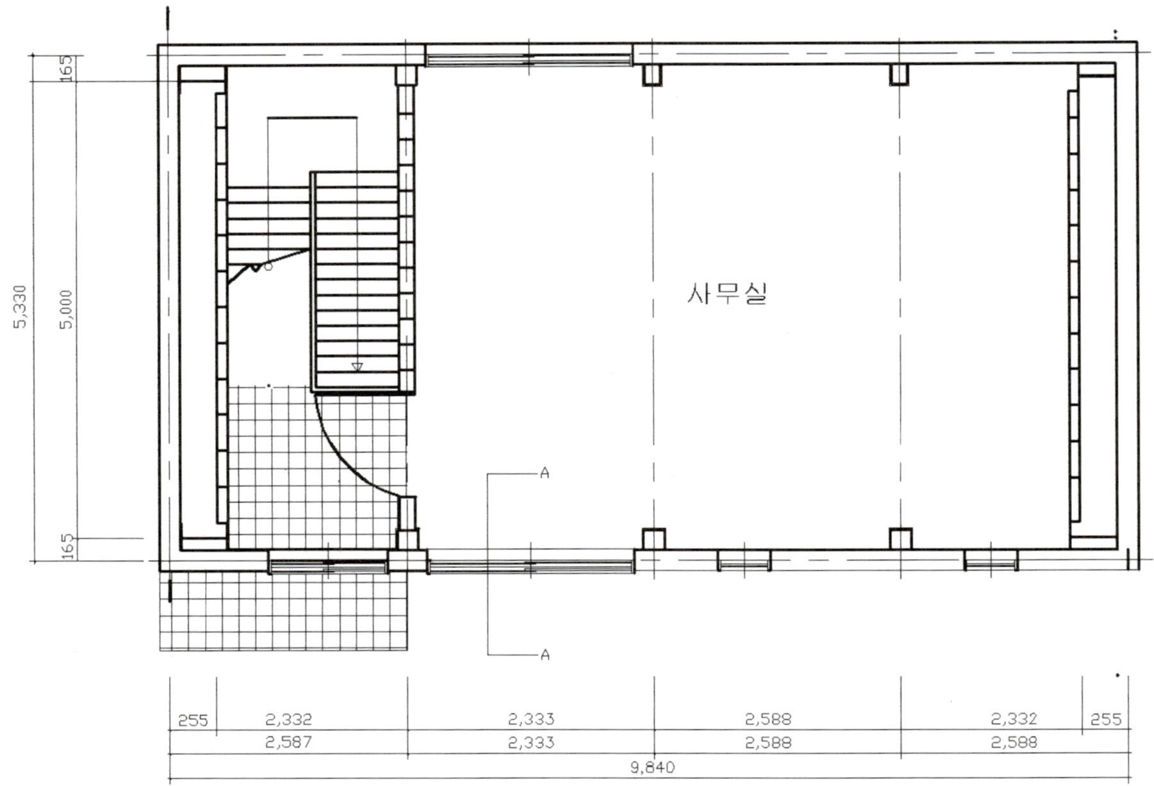

1층평면도

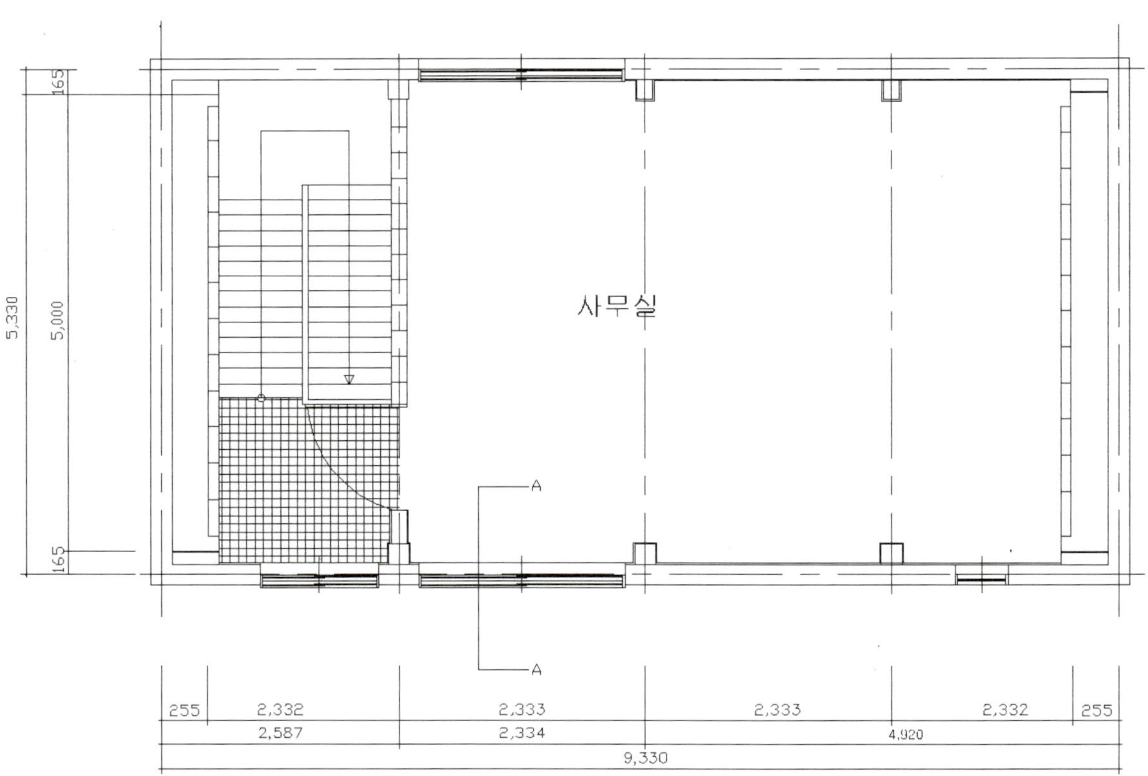

2층평면도

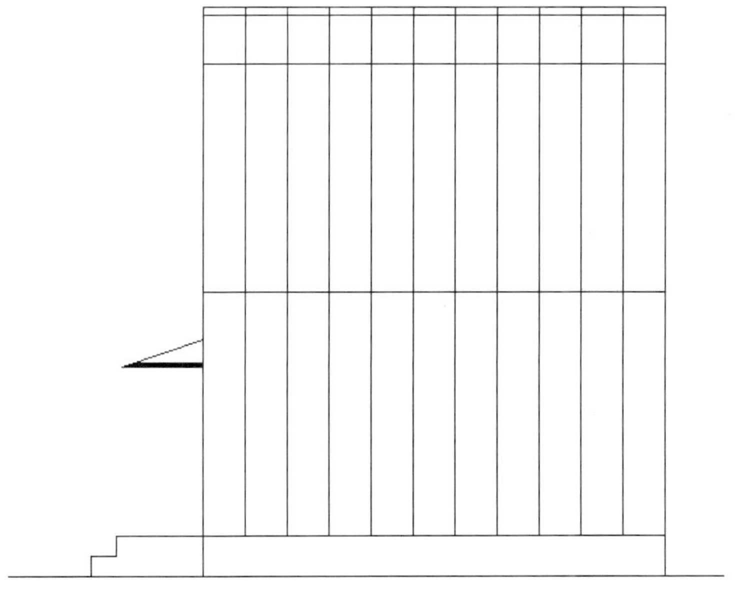

동측입면도

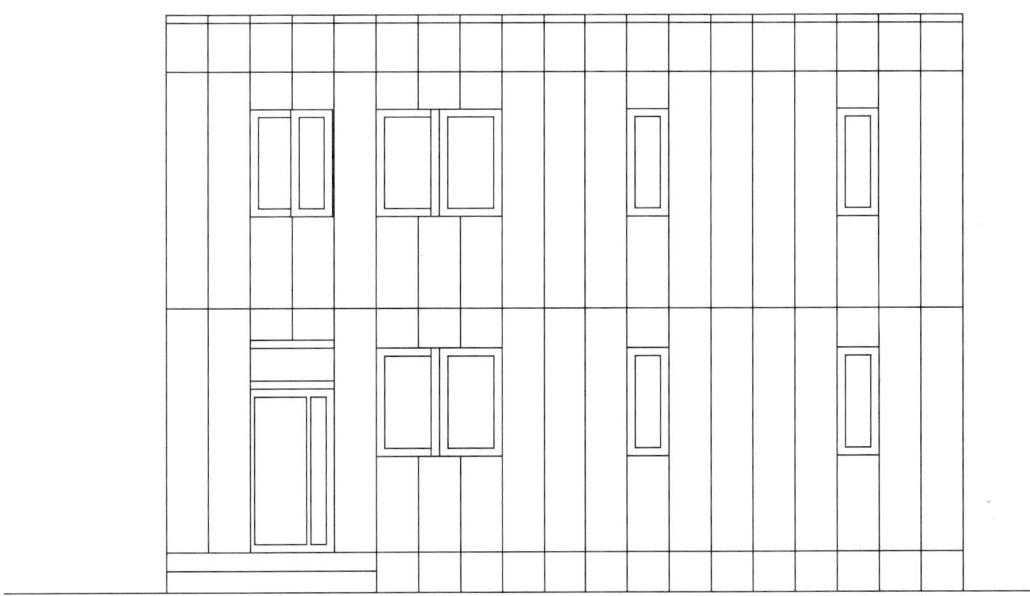

남측입면도

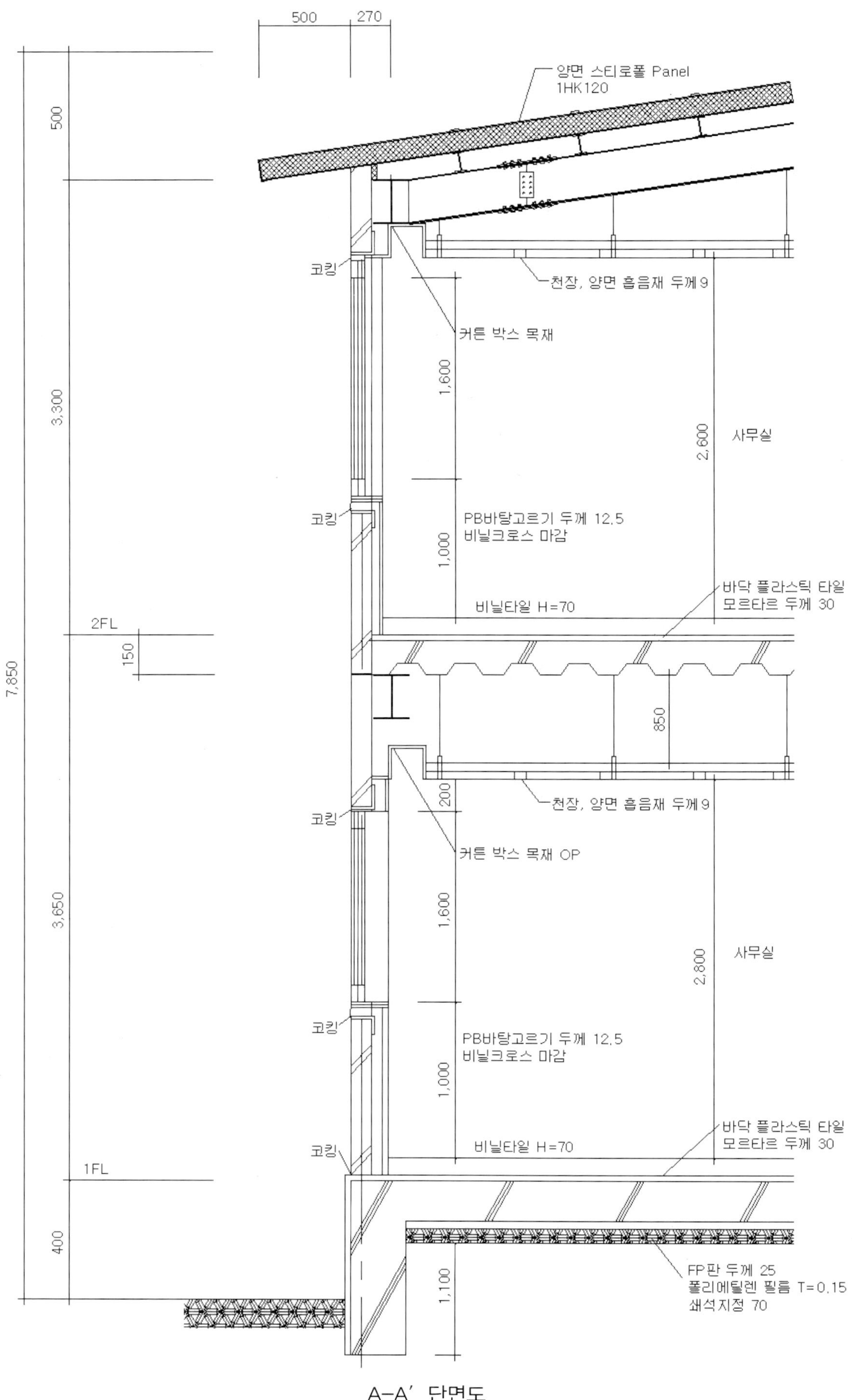
500
270
양면 스티로폴 Panel
1HK120
500
코킹
천장, 양면 흡음재 두께 9
커튼 박스 목재
1,600
3,300
2,600
사무실
코킹
PB바탕고르기 두께 12.5
비닐크로스 마감
1,000
바닥 플라스틱 타일
모르타르 두께 30
비닐타일 H=70
2FL
150
7,850
850
200
천장, 양면 흡음재 두께 9
코킹
커튼 박스 목재 OP
1,600
3,650
2,800
사무실
코킹
PB바탕고르기 두께 12.5
비닐크로스 마감
1,000
바닥 플라스틱 타일
모르타르 두께 30
코킹
비닐타일 H=70
1FL
400
FP판 두께 25
폴리에틸렌 필름 T=0.15
쇄석지정 70
1,100

A-A′ 단면도

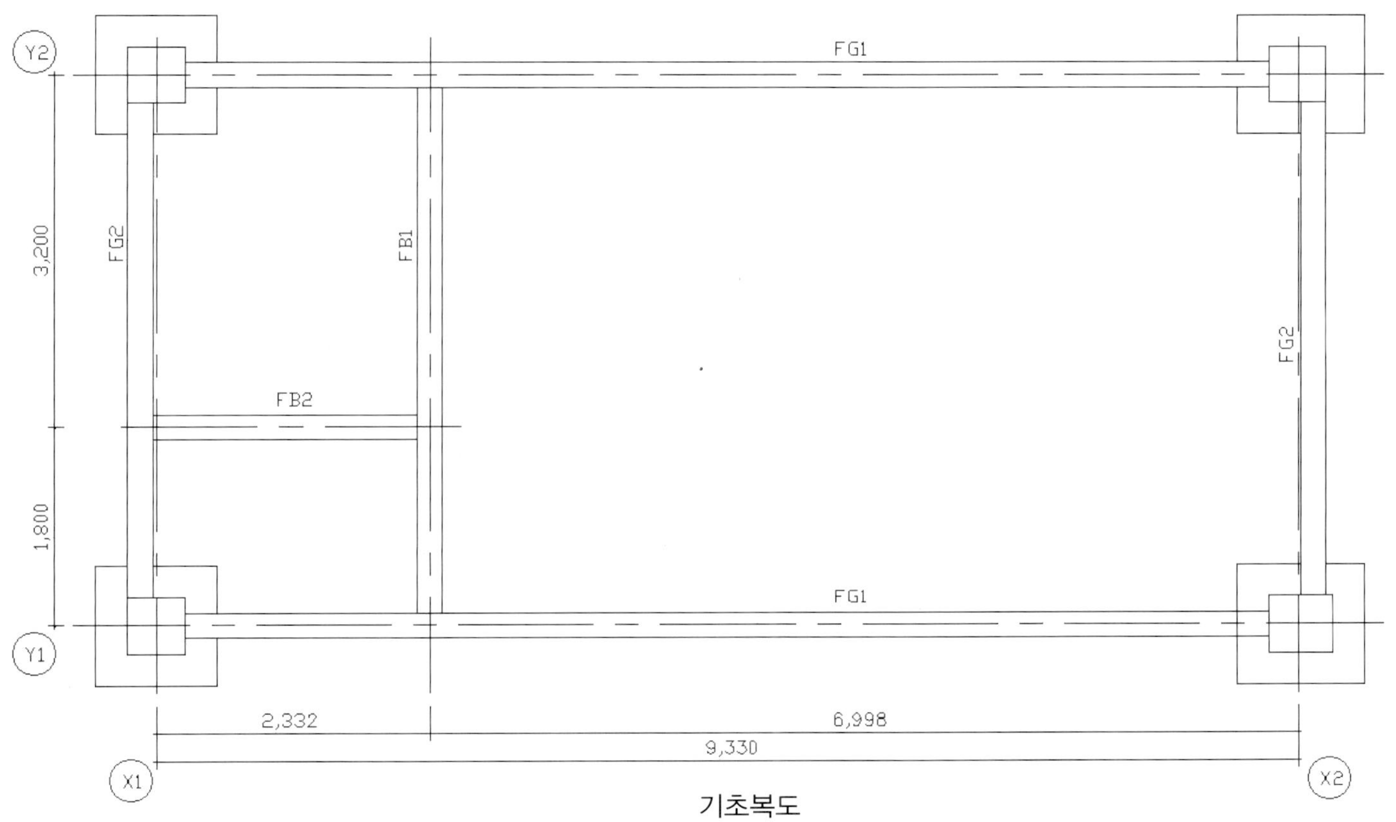
Y2
FG1
3,200
FG2
FB1
FG2
FB2
1,800
FG1
Y1
2,332
6,998
9,330
X1
X2

기초복도

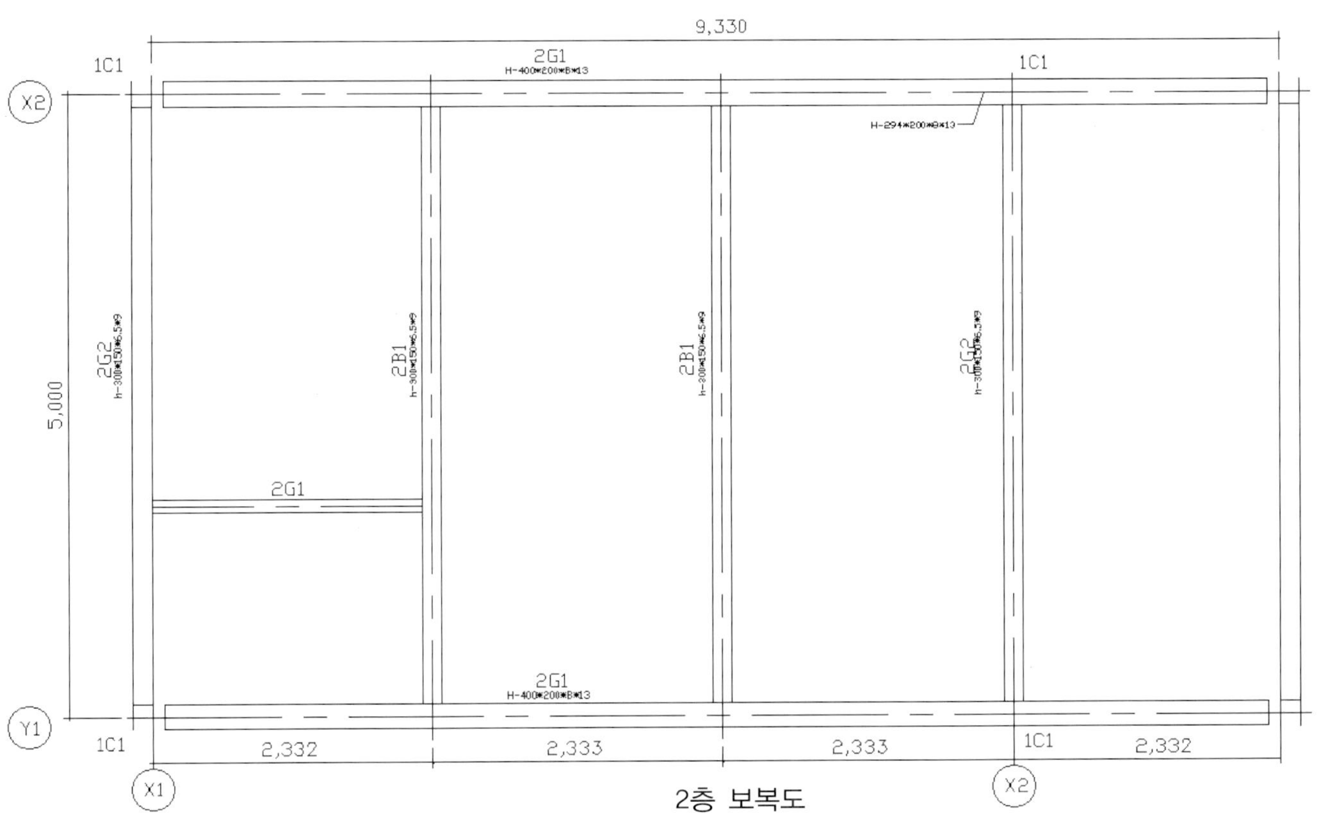
9,330
1C1
2G1
H-400*200*8*13
1C1
X2
H-294*200*8*13
5,000
2G2
H-300*150*6.5*9
2B1
H-300*150*6.5*9
2B1
H-300*150*6.5*9
2G2
H-300*150*6.5*9
2G1
2G1
H-400*200*8*13
Y1
1C1
2,332
2,333
2,333
1C1
2,332
X1
X2

2층 보복도

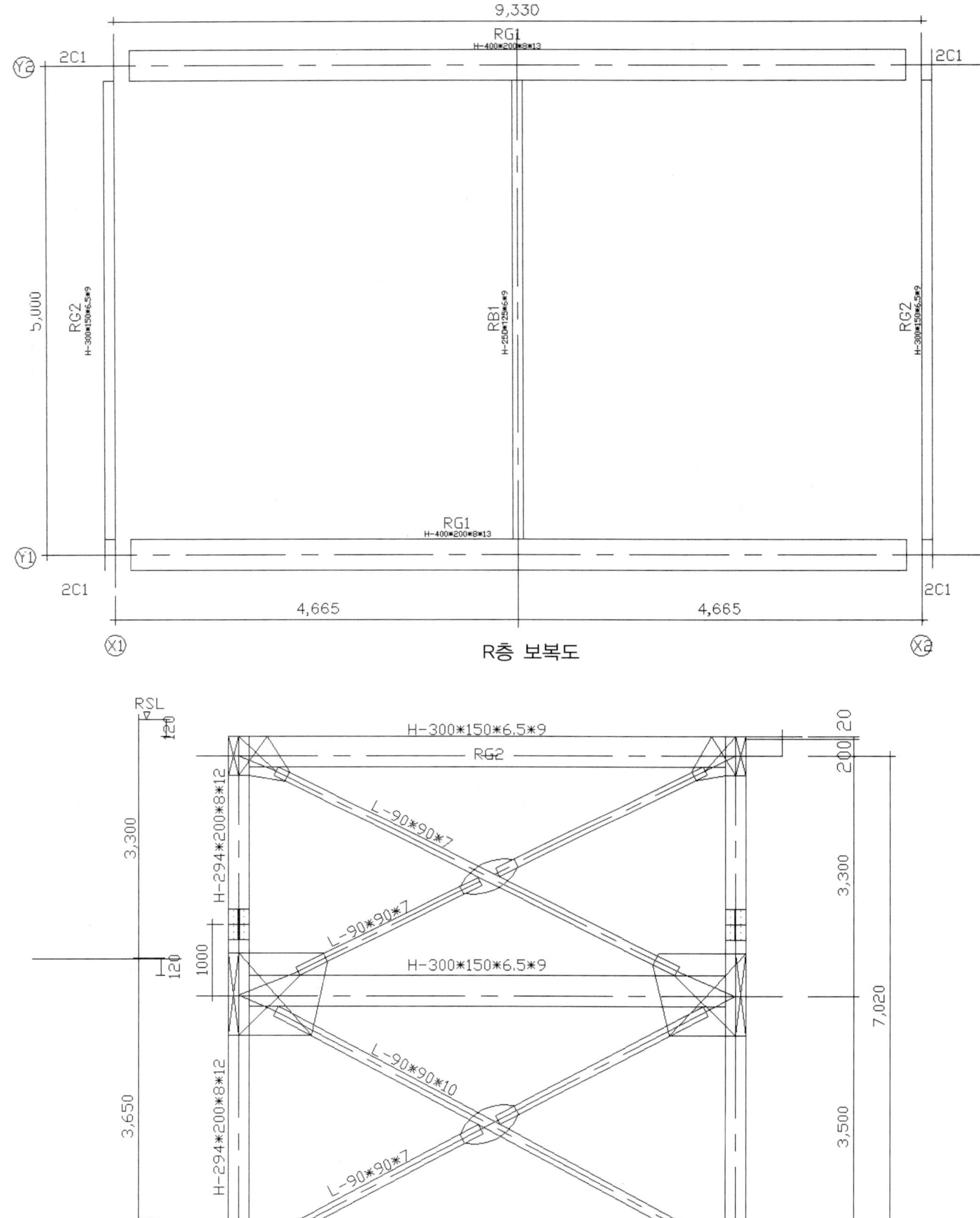

R층 보복도

X1 FRAME 상세도

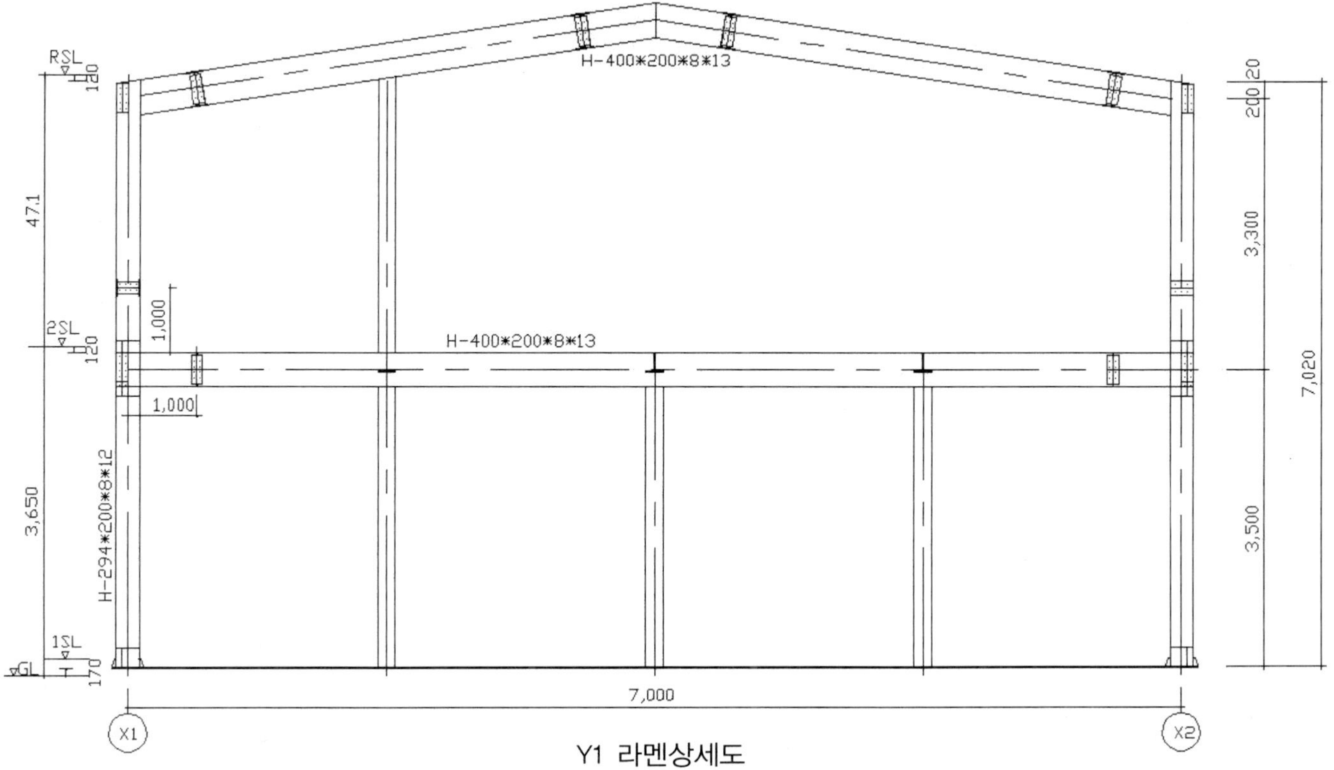

Y1 라멘상세도

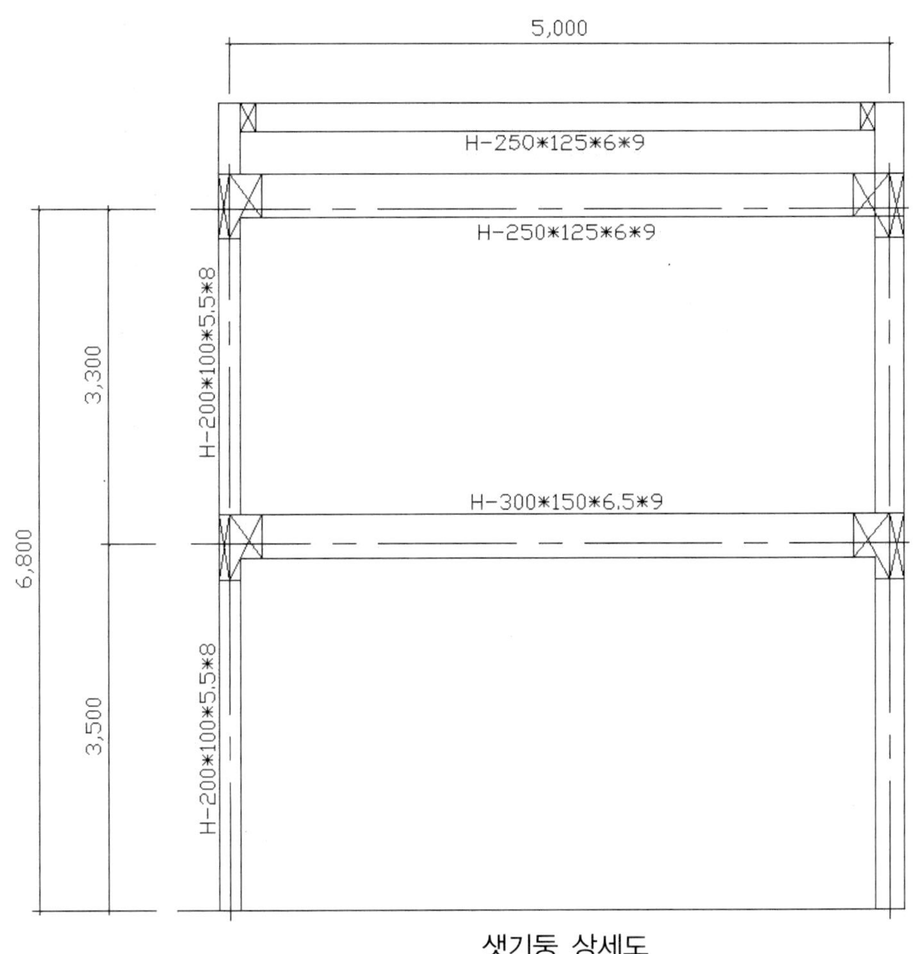

샛기둥 상세도

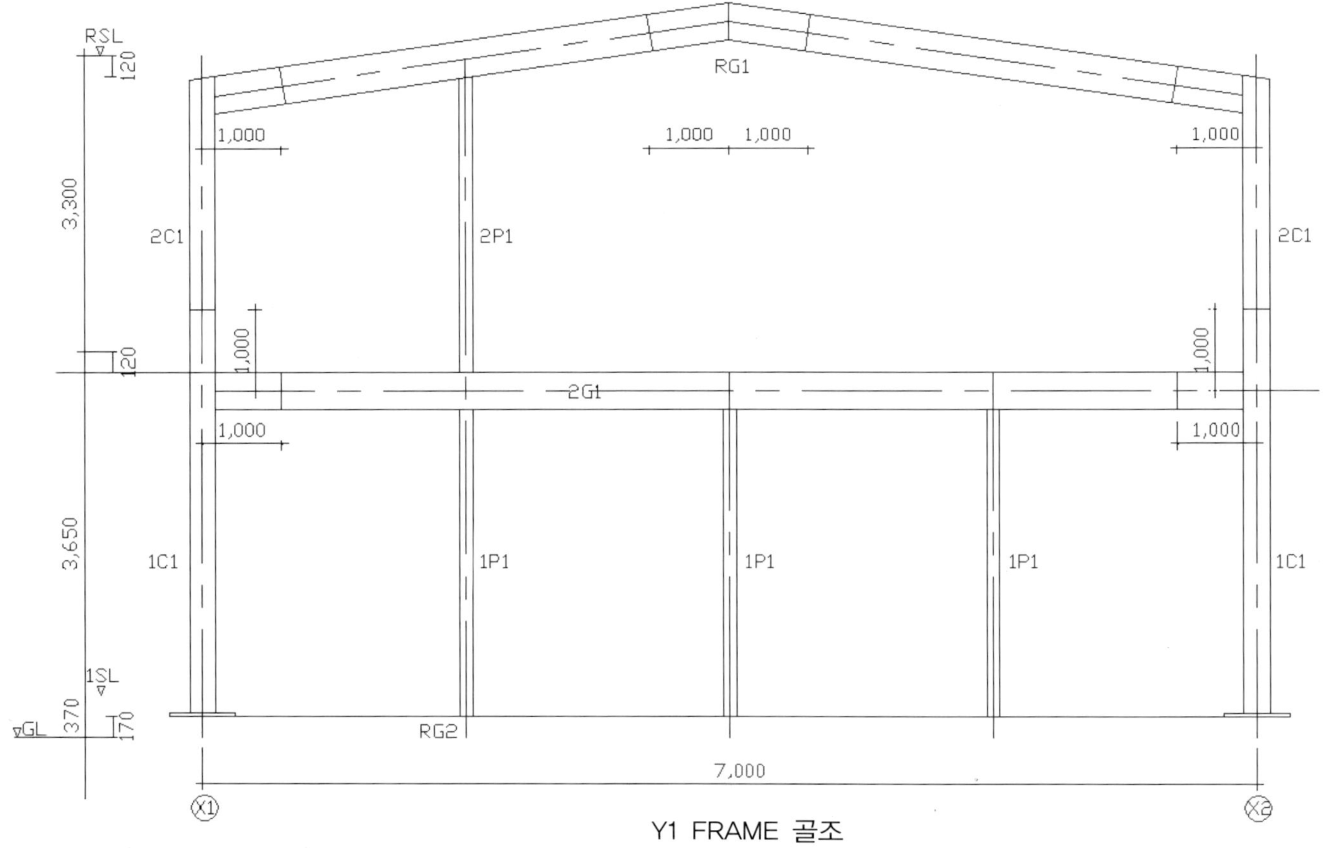

Y1 FRAME 골조

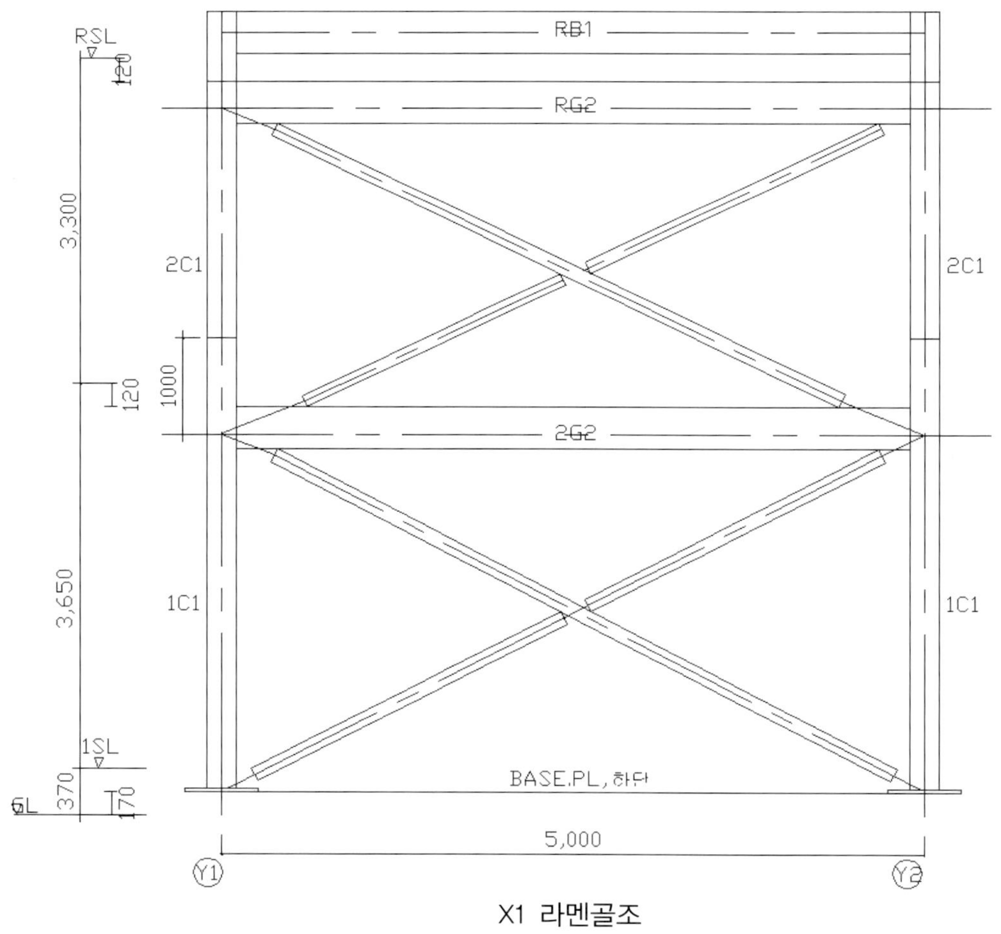

X1 라멘골조

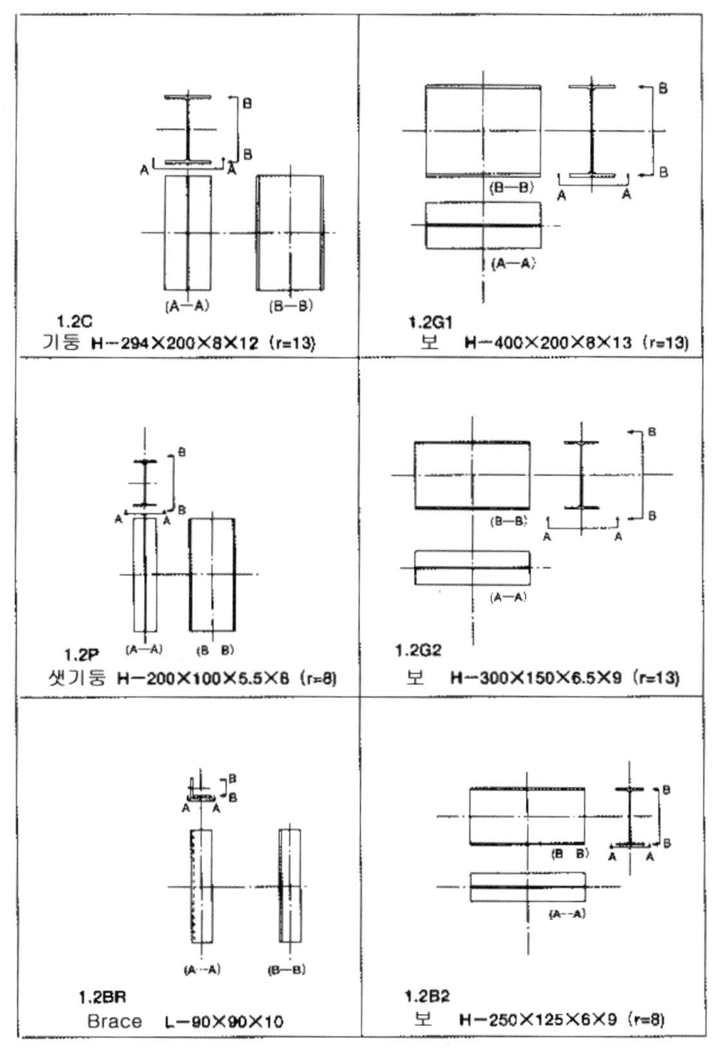

부재 List

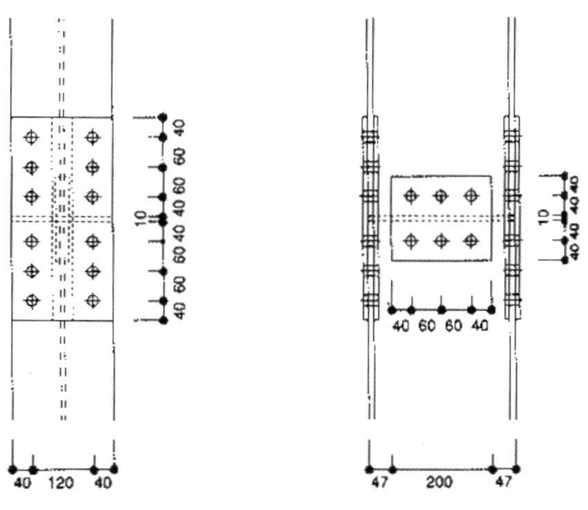

기둥 이음부 상세도

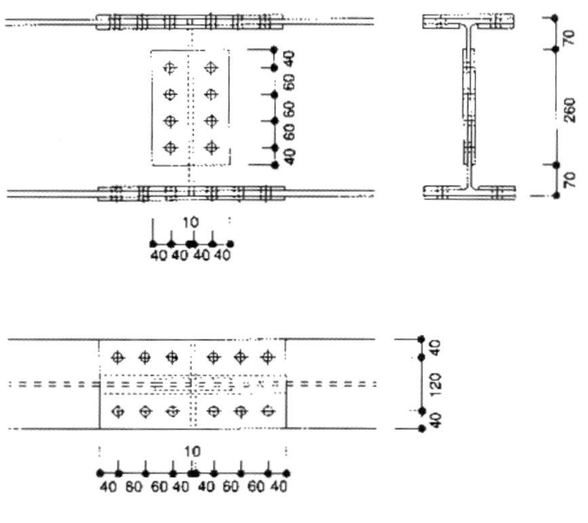

보 이음부 상세도

관련도면
(부품도 No.1~19)

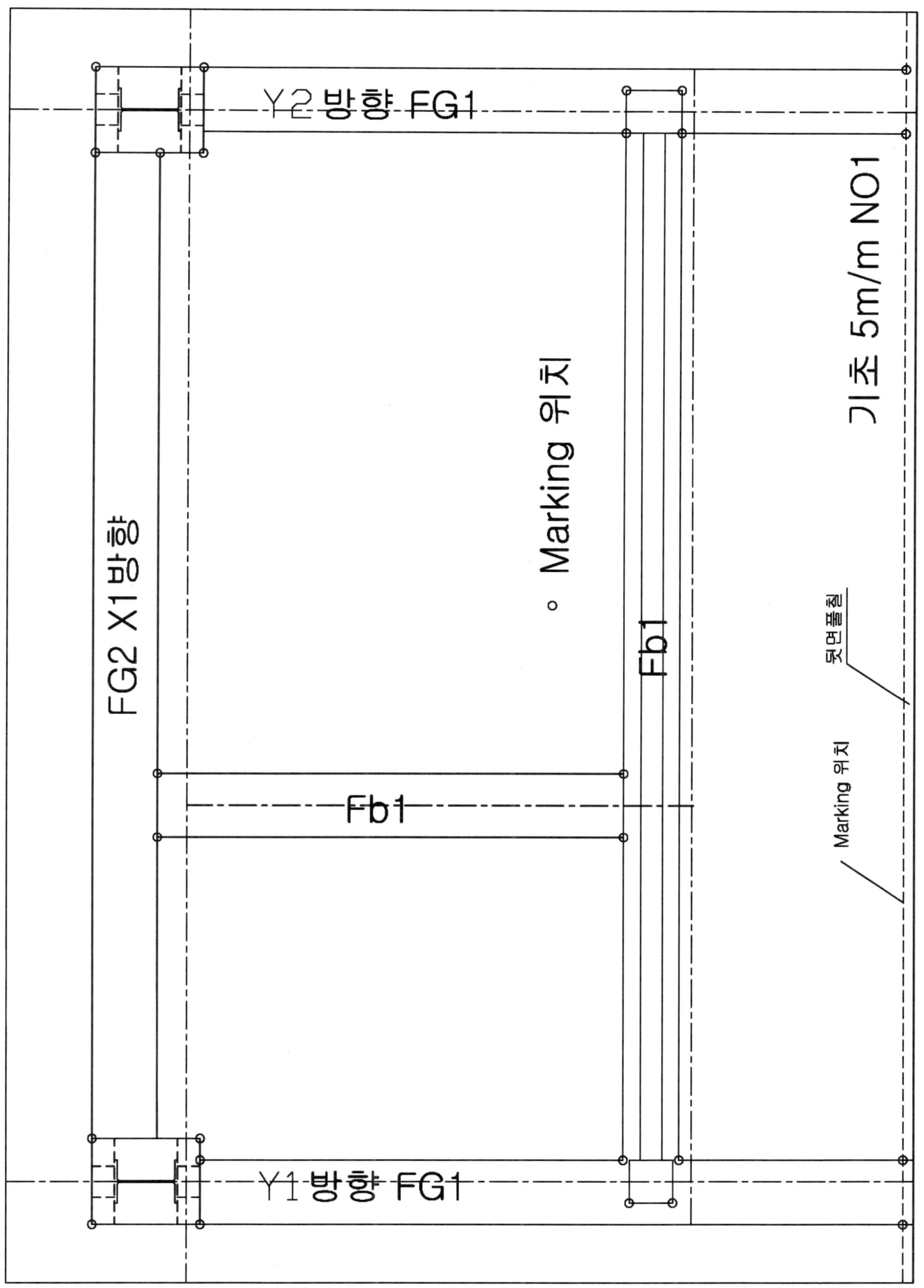
Y2 방향 FG1
FG2 X1 방향
Marking 위치
기초 5m/m NO1
Fb1
뒷면풀칠
Marking 위치
Fb1
Y1 방향 FG1

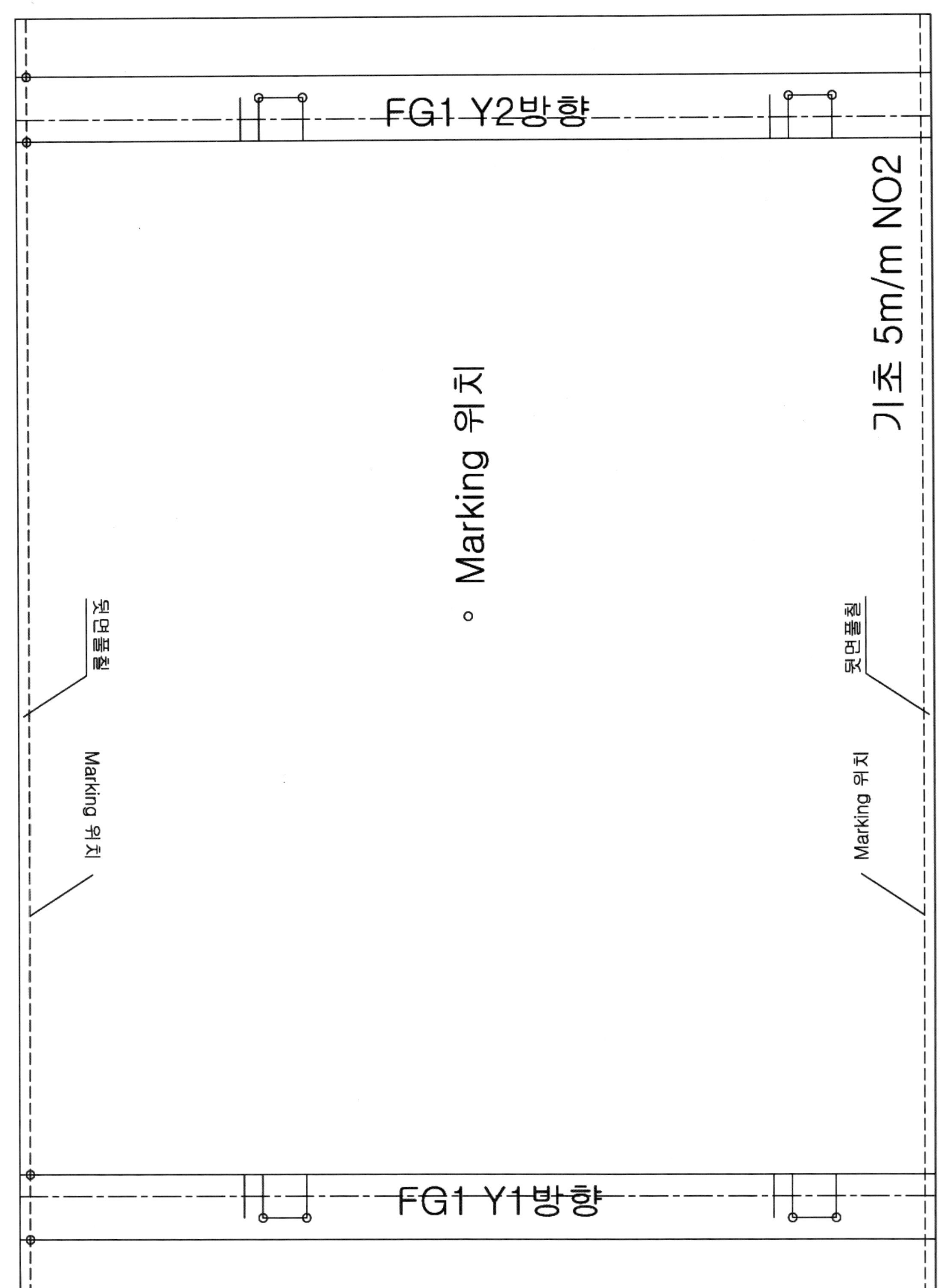

FG1 Y2방향
기조 5m/m NO2
Marking 위치
뒷면풀칠
Marking 위치
뒷면풀칠
Marking 위치
FG1 Y1방향

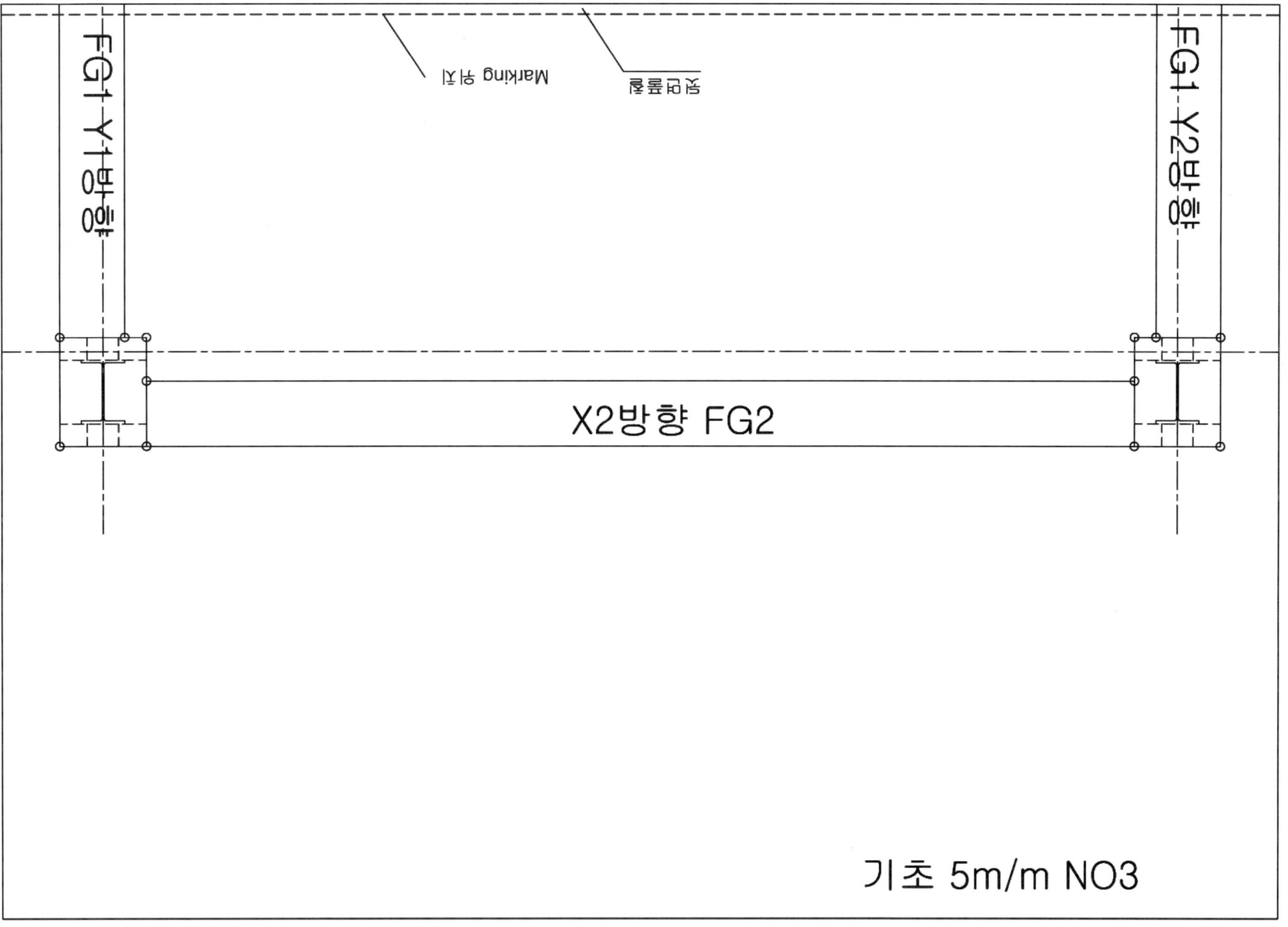
FG1 Y1방향
Marking 위치
뒷면풀칠
FG1 Y2방향
X2방향 FG2
기초 5m/m NO3

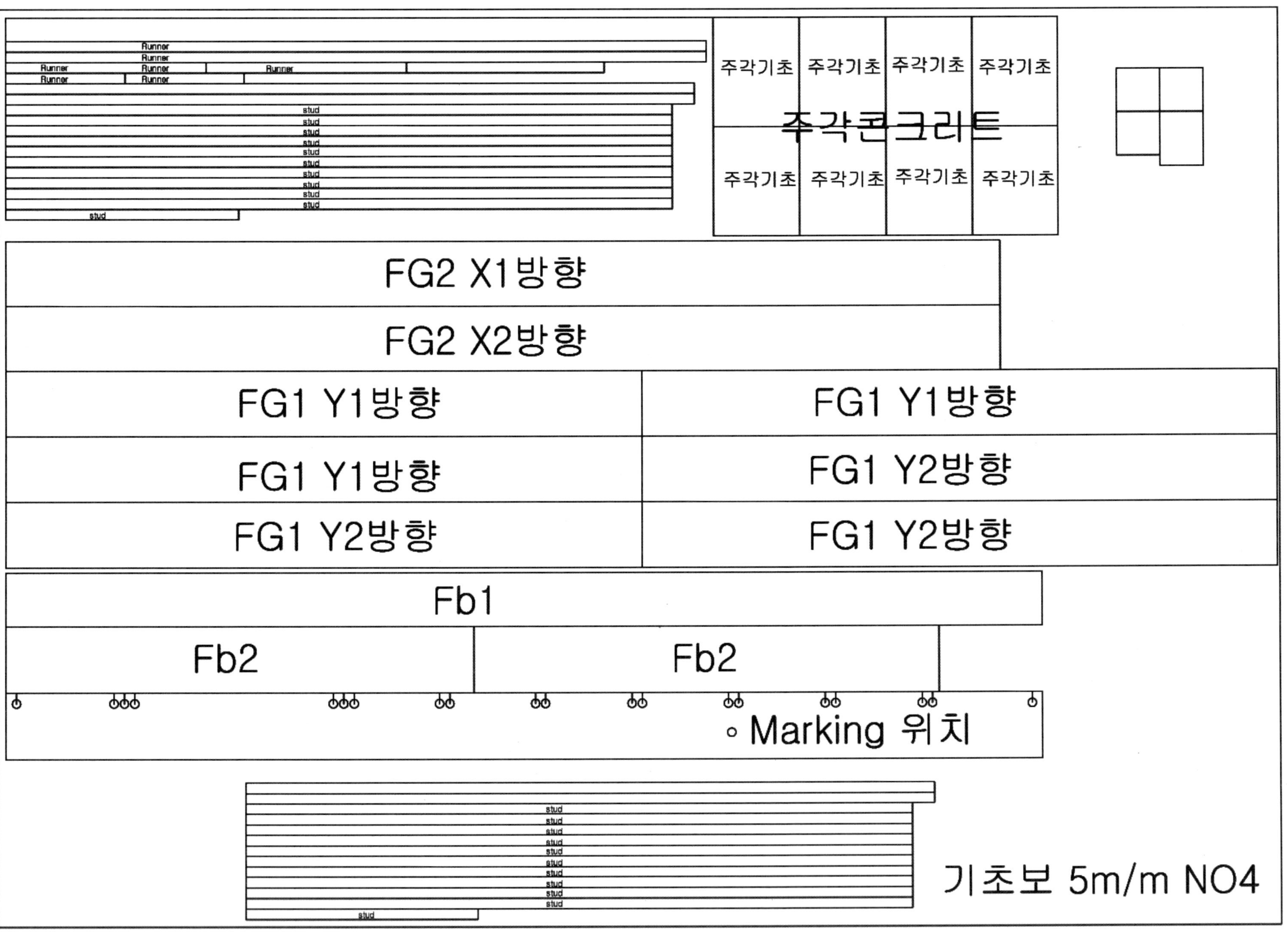

Runner
Runner
Runner
Runner
Runner
Runner
Runner
stud
stud
stud
stud
stud
stud
stud
stud
stud
stud
stud
주각기초
주각기초
주각기초
주각기초
주각콘크리트
주각기초
주각기초
주각기초
주각기초
FG2 X1방향
FG2 X2방향
FG1 Y1방향
FG1 Y1방향
FG1 Y1방향
FG1 Y2방향
FG1 Y2방향
FG1 Y2방향
Fb1
Fb2
Fb2
◦Marking 위치
stud
stud
stud
stud
stud
stud
stud
stud
stud
stud
stud
기초보 5m/m NO4

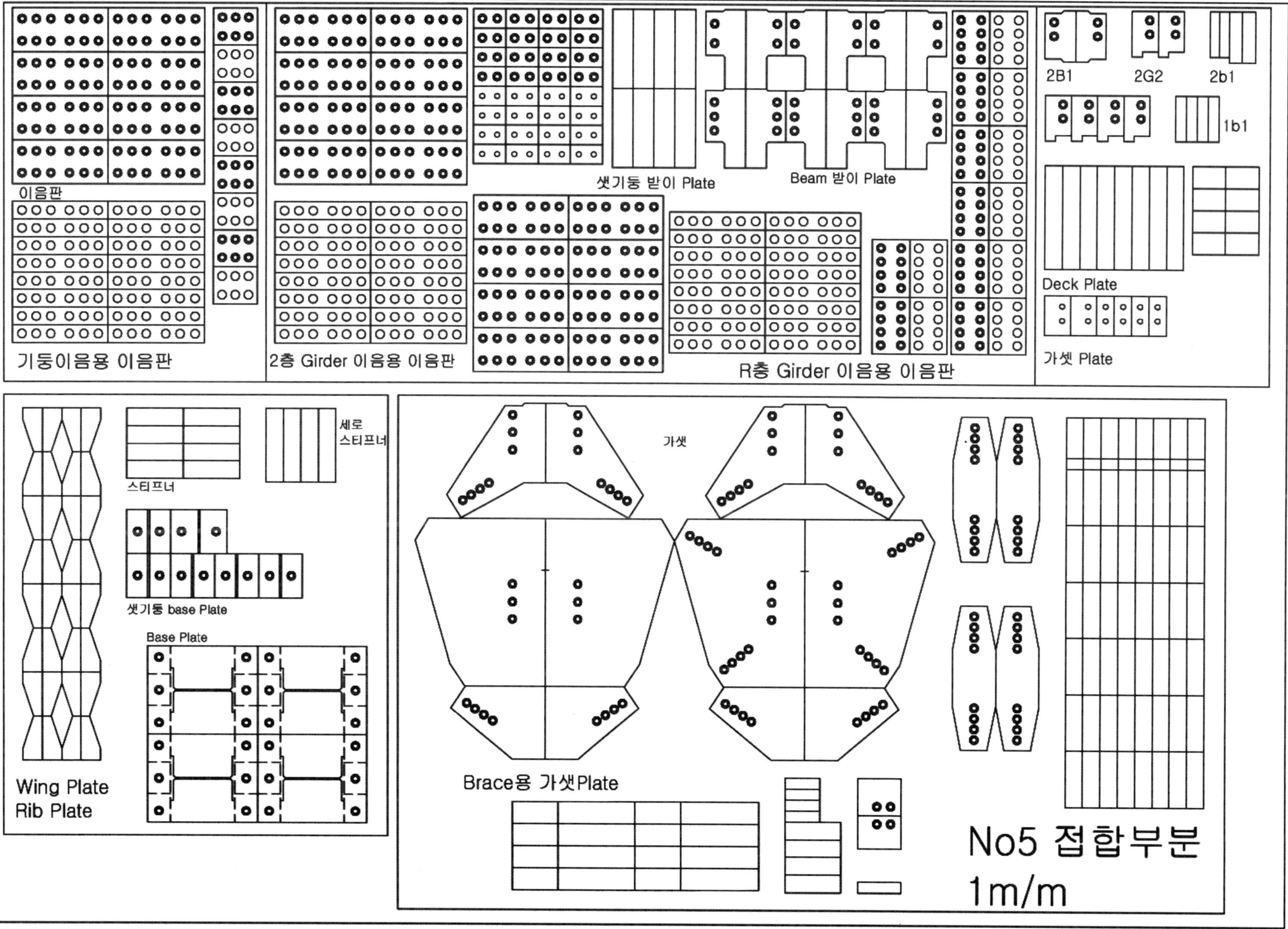
2B1
2G2
2b1
1b1
이음판
기둥이음용 이음판
2층 Girder 이음용 이음판
샛기둥 받이 Plate
Beam 받이 Plate
R층 Girder 이음용 이음판
Deck Plate
가셋 Plate
세로
스티프너
스티프너
샛기둥 base Plate
Base Plate
Wing Plate
Rib Plate
가셋
Brace용 가셋Plate
No5 접합부분
1m/m

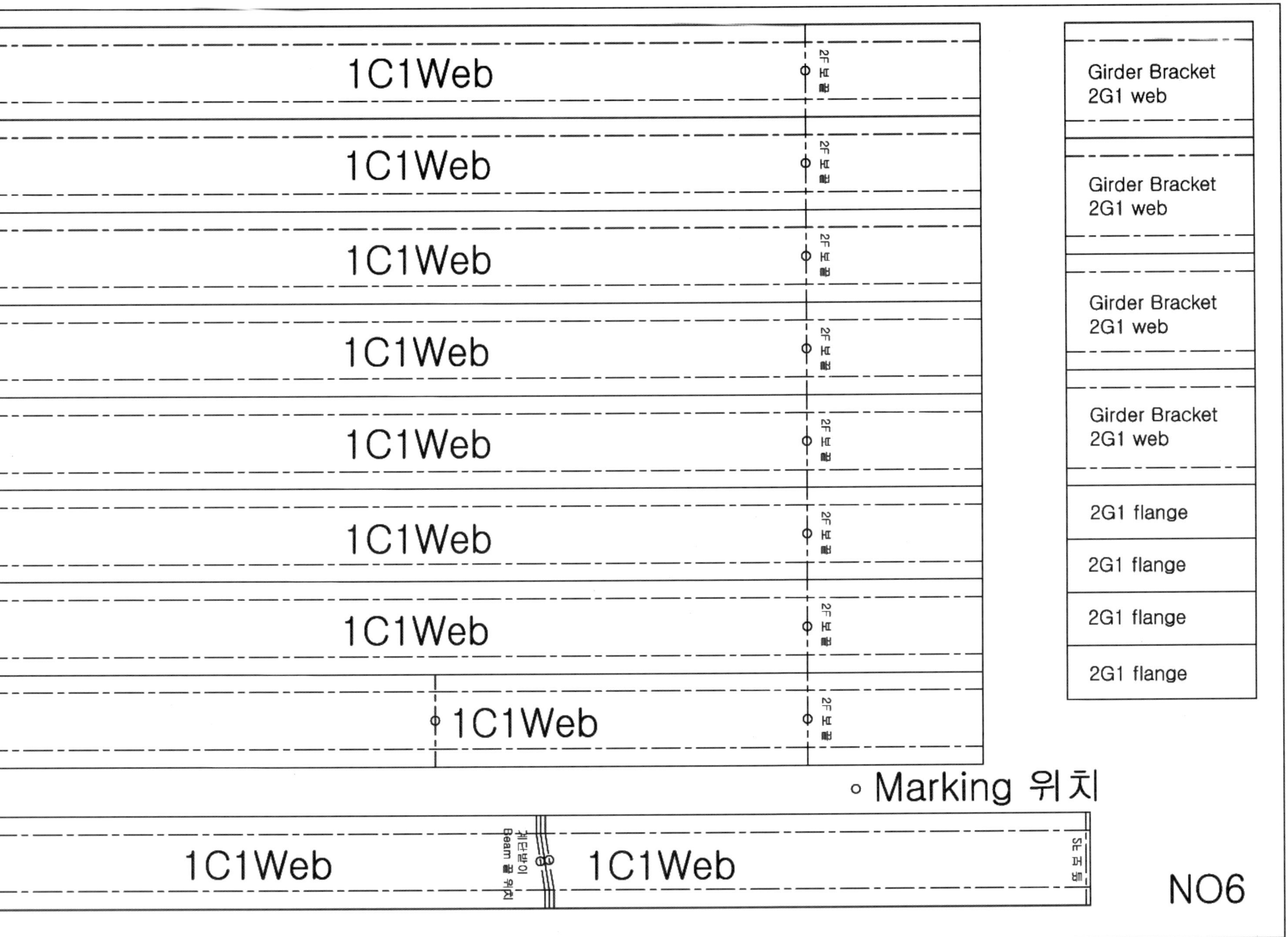

1C1Web
2F 보 끝
1C1Web
2F 보 끝
1C1Web
2F 보 끝
1C1Web
2F 보 끝
1C1Web
2F 보 끝
1C1Web
2F 보 끝
1C1Web
2F 보 끝
1C1Web
2F 보 끝
Girder Bracket
2G1 web
Girder Bracket
2G1 web
Girder Bracket
2G1 web
Girder Bracket
2G1 web
2G1 flange
2G1 flange
2G1 flange
2G1 flange
◦ Marking 위치
1C1Web
계단받이
Beam 끝 위치
1C1Web
2F 보 끝
NO6

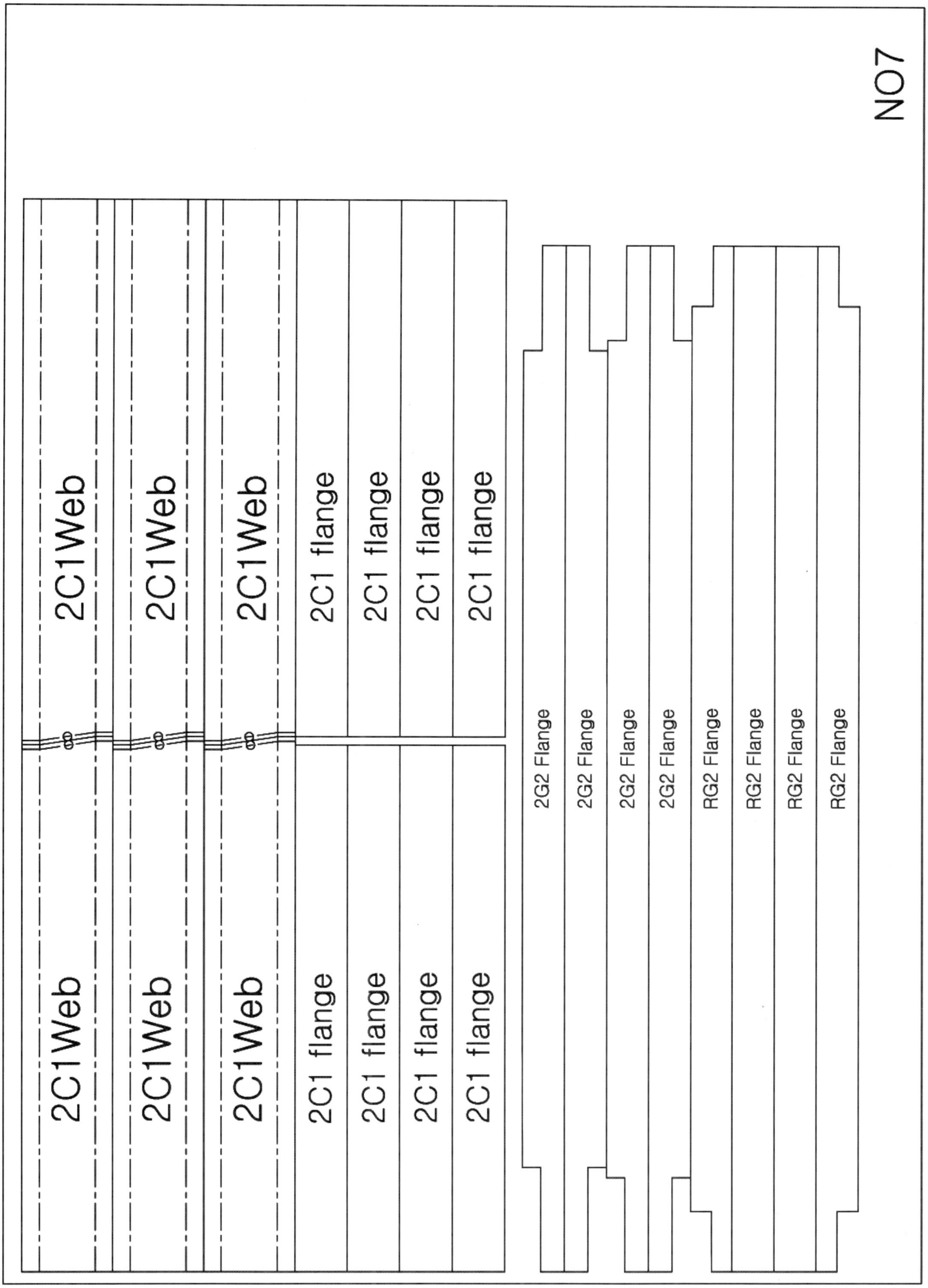
NO7
2C1Web
2C1Web
2C1Web
2C1 flange
2C1 flange
2C1 flange
2C1 flange
2C1Web
2C1Web
2C1Web
2C1 flange
2C1 flange
2C1 flange
2C1 flange
2G2 Flange
2G2 Flange
2G2 Flange
2G2 Flange
RG2 Flange
RG2 Flange
RG2 Flange
RG2 Flange

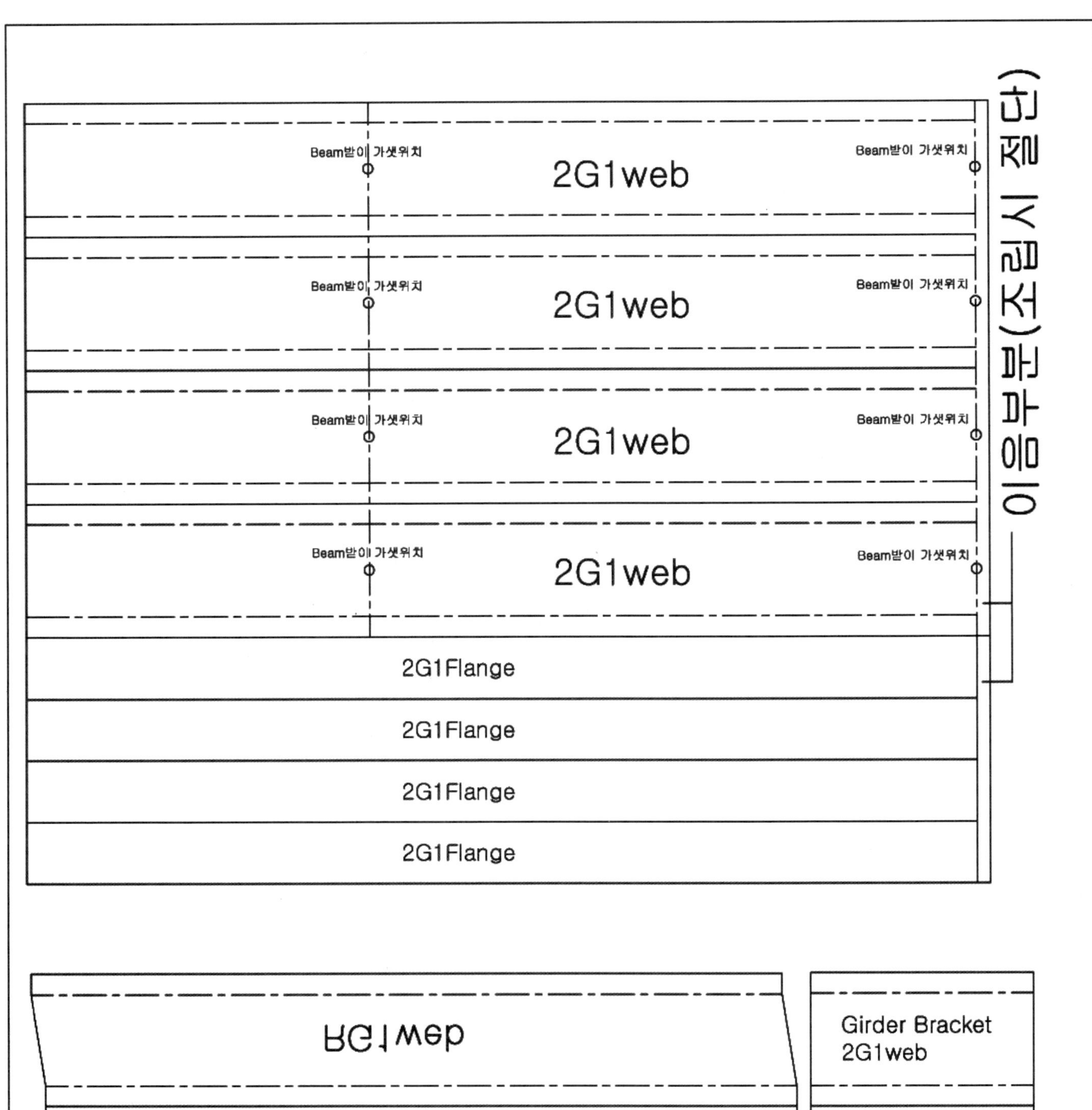

RG1web

Girder Bracket
2G1web

RG1web

Girder Bracket
2G1web

RG1web

Girder Bracket
2G1web

RG1web

Girder Bracket
2G1web

NO8 (1/2)

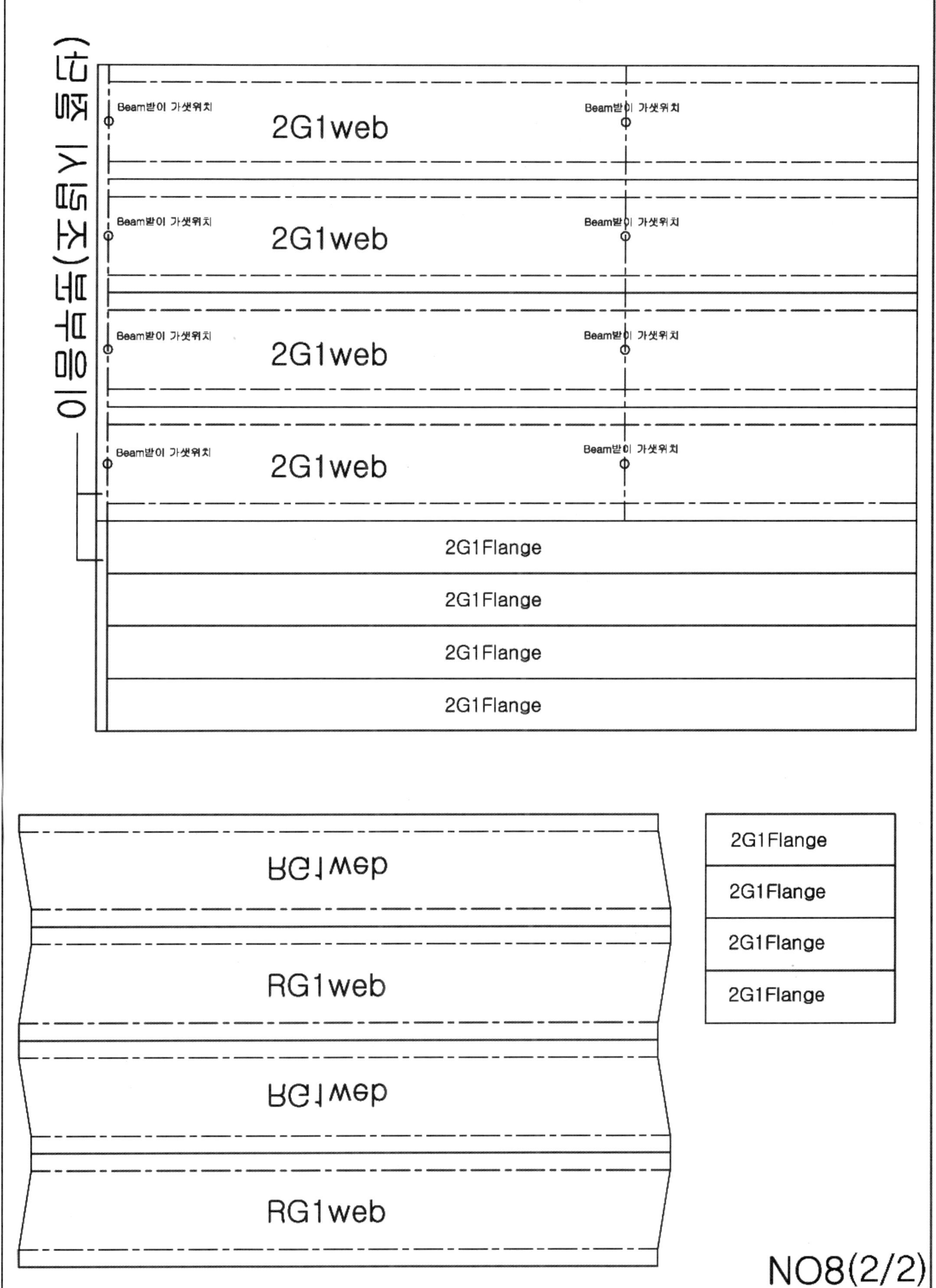
(양면 시접조)부품이
Beam받이 가셋위치
2G1web
Beam받이 가셋위치
2G1web
Beam받이 가셋위치
2G1web
Beam받이 가셋위치
2G1web
2G1Flange
2G1Flange
2G1Flange
2G1Flange
RG1web
RG1web
RG1web
RG1web
2G1Flange
2G1Flange
2G1Flange
2G1Flange
NO8(2/2)

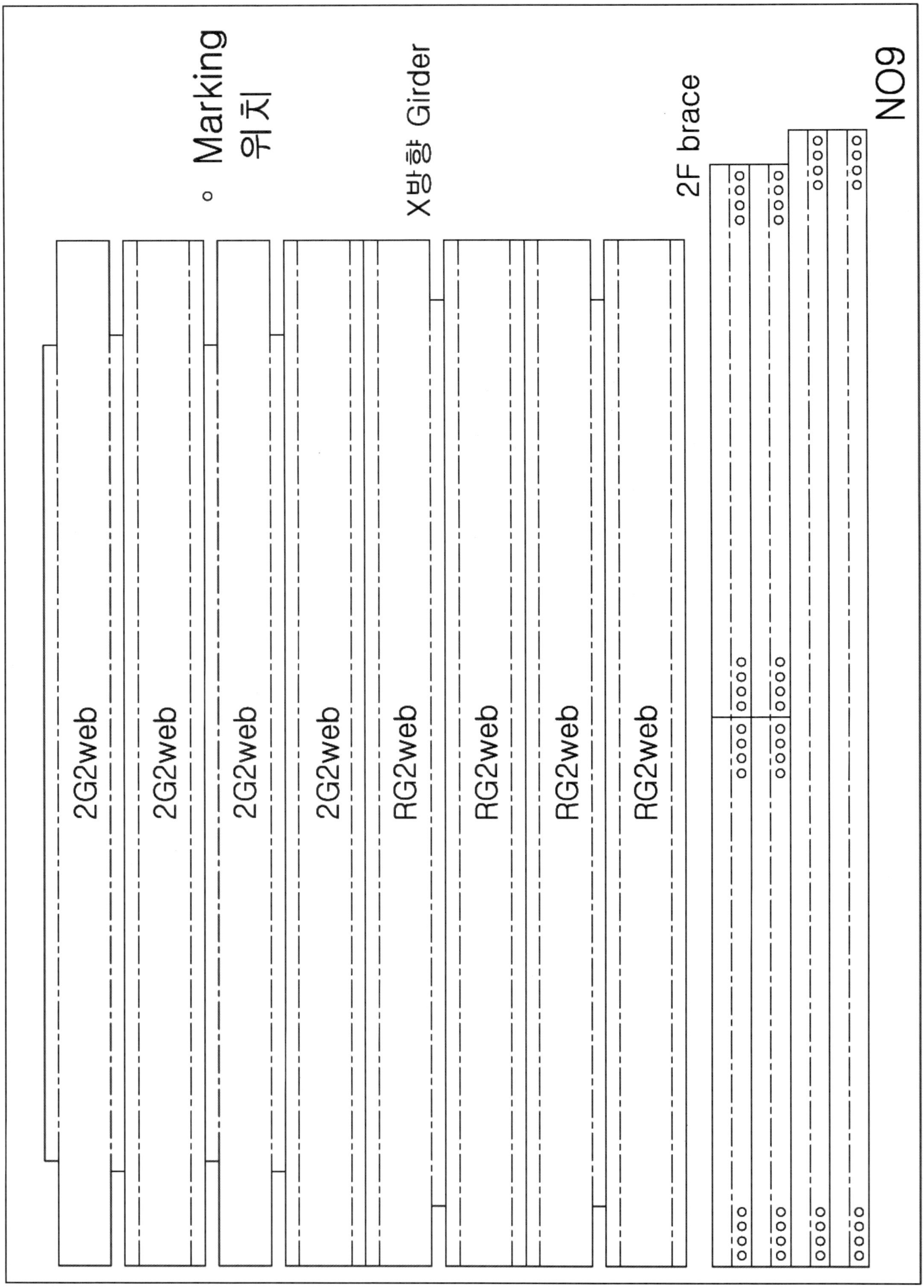

2G2web

2G2web

2G2web

2G2web

RG2web

RG2web

RG2web

RG2web

◦ Marking 위치

X방향 Girder

2F brace

NO9

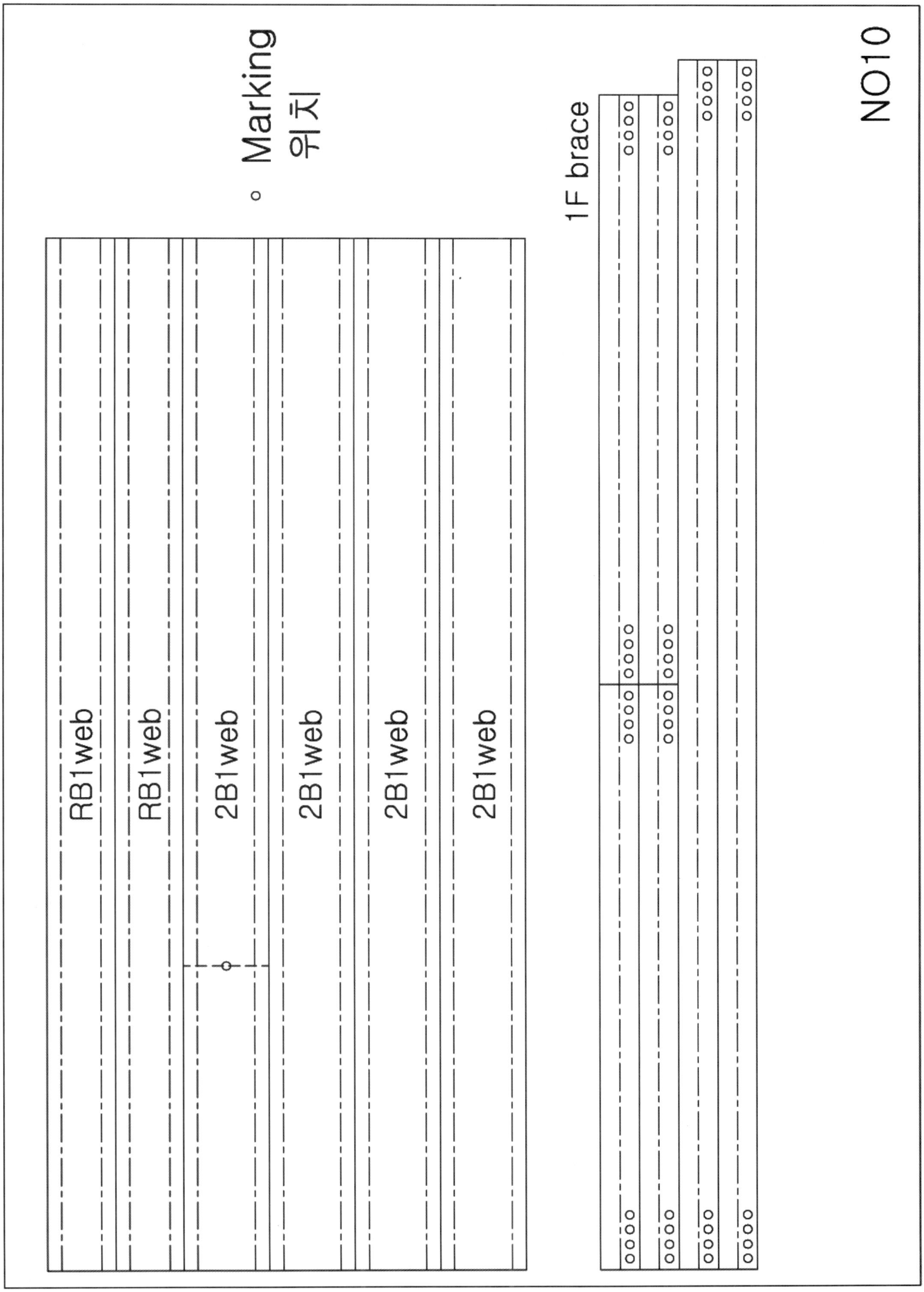

RB1web

RB1web

2B1web

2B1web

2B1web

2B1web

◦ Marking 위치

1F brace

NO10

Beam · 샛기둥
No11

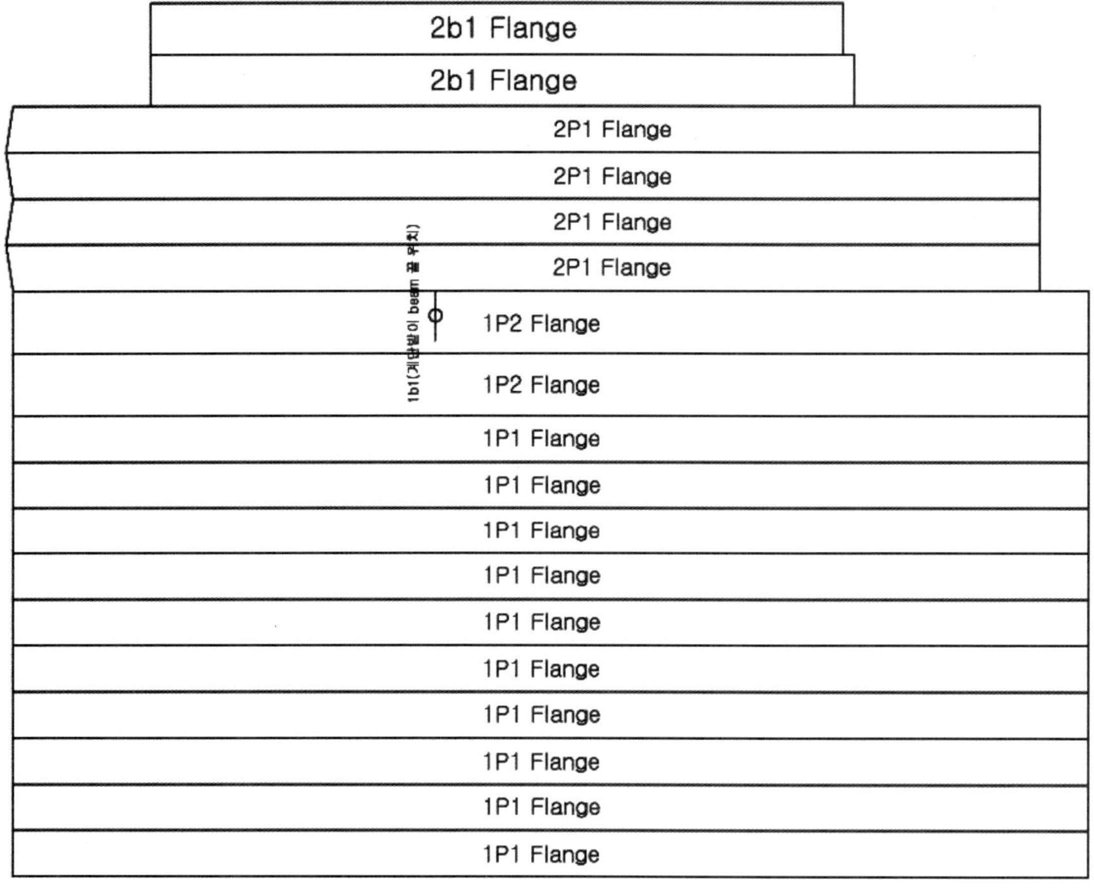

Flange 모음

RB1 Flange

RB1 Flange

2B1 Flange

2B1 Flange

2B1 Flange

2B1 Flange

1C1 flange

1C1 flange

1C1 flange

1C1 flange

1C1 flange

1C1 flange

1C1 flange

1C1 flange

NO12

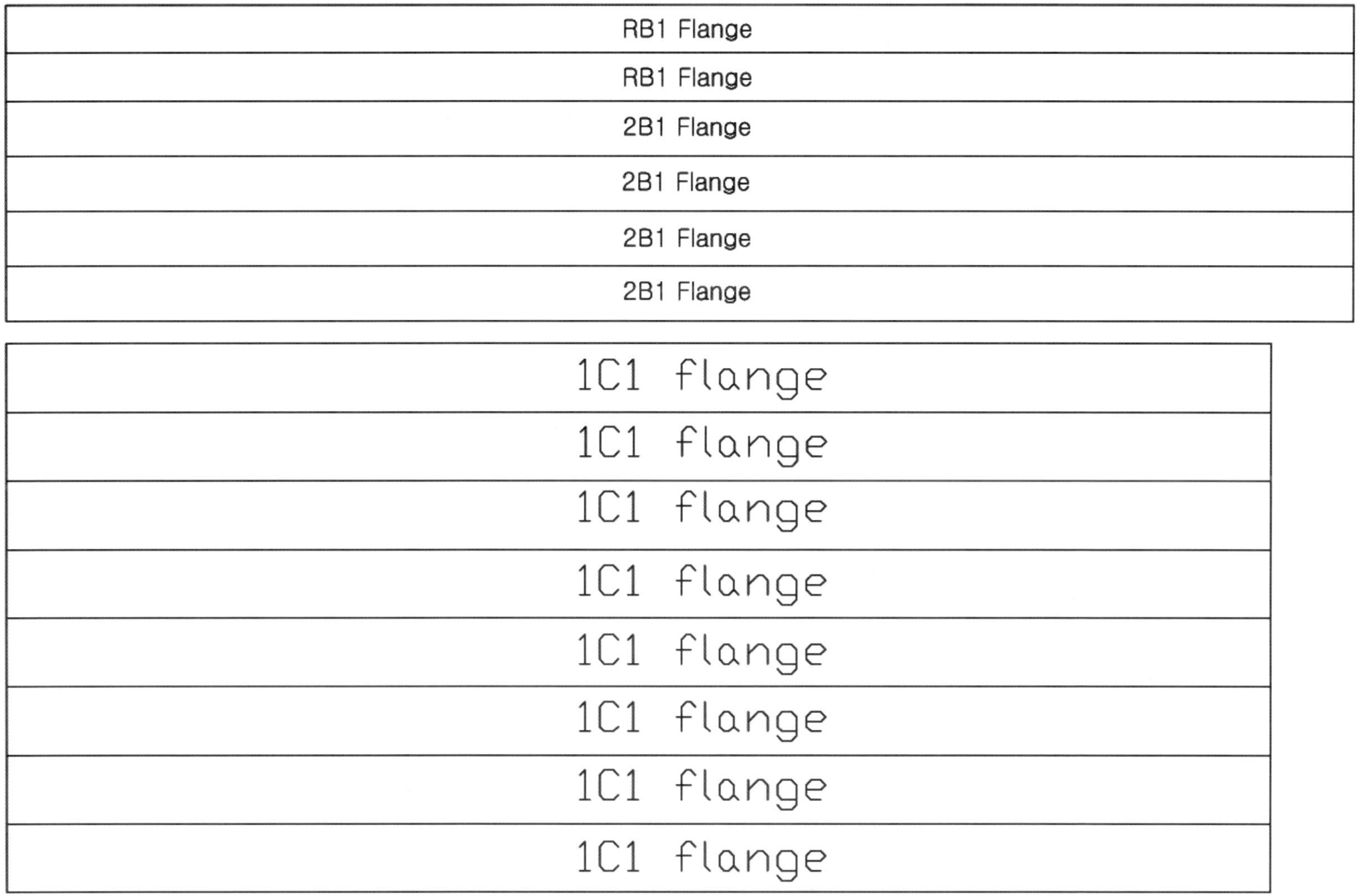

Beam · 샛기둥
No13
◦ Marking 위치

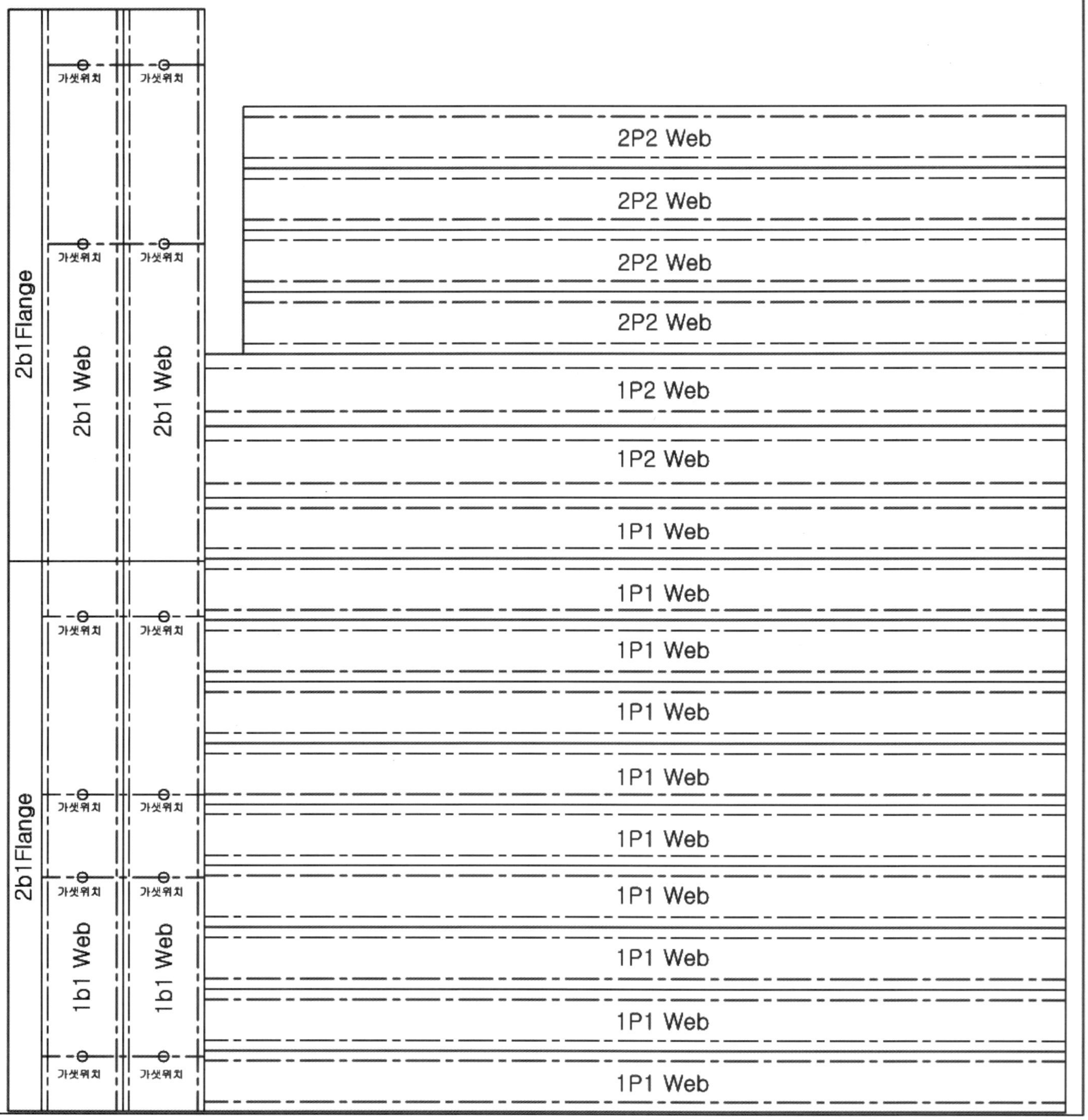

2b1Flange
2b1 Web
2b1 Web
가샛위치 가샛위치
가샛위치 가샛위치

2P2 Web
2P2 Web
2P2 Web
2P2 Web
1P2 Web
1P2 Web
1P1 Web

2b1Flange
1b1 Web
1b1 Web
가샛위치 가샛위치
가샛위치 가샛위치
가샛위치 가샛위치
가샛위치 가샛위치

1P1 Web
1P1 Web
1P1 Web
1P1 Web
1P1 Web
1P1 Web
1P1 Web
1P1 Web
1P1 Web

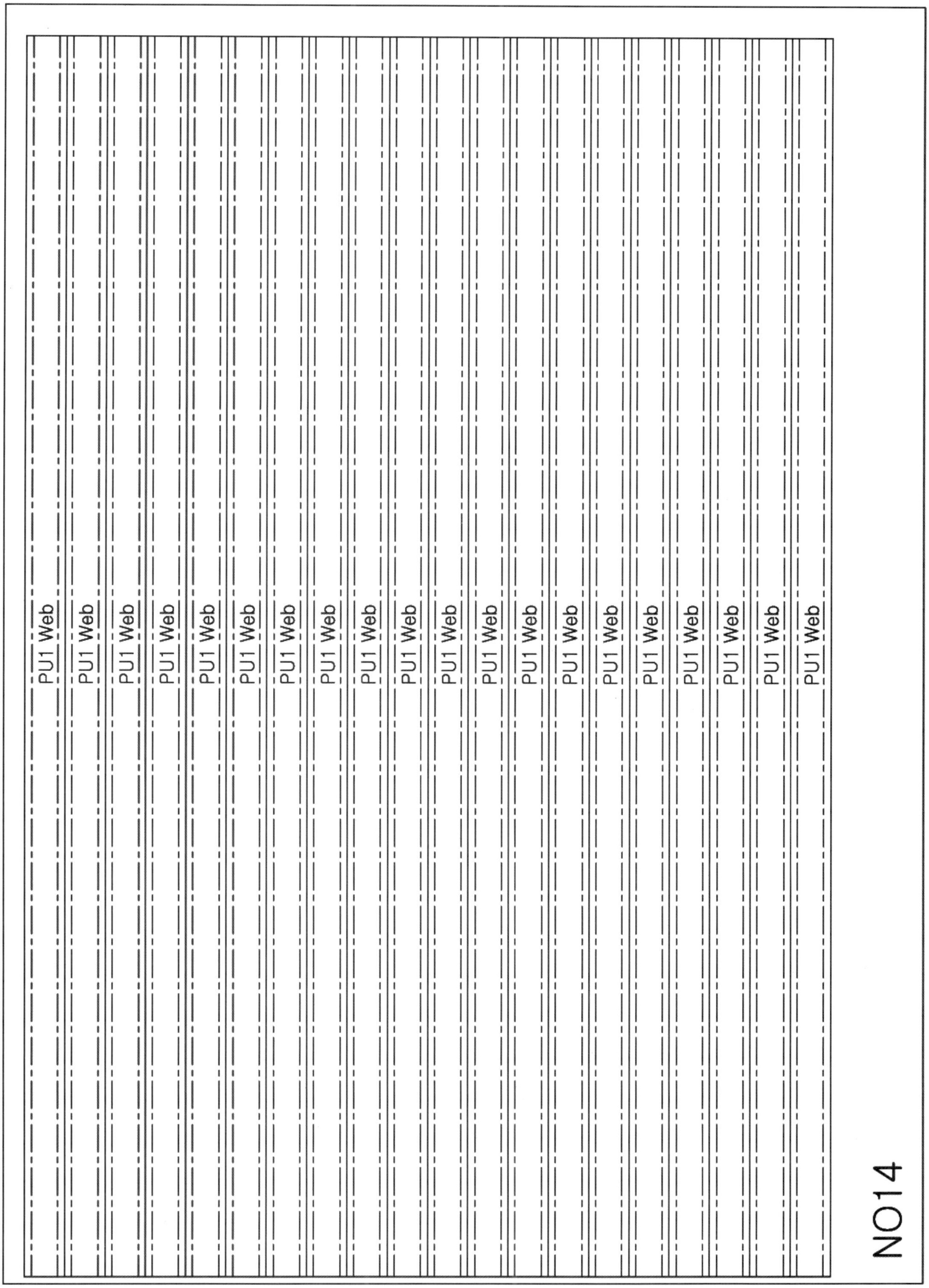

NO14

PU1 Web
PU1 Web
PU1 Web
PU1 Web
PU1 Web
PU1 Web
PU1 Web
PU1 Web
PU1 Web
PU1 Web
PU1 Web
PU1 Web
PU1 Web
PU1 Web
PU1 Web
PU1 Web
PU1 Web
PU1 Web
PU1 Web
PU1 Web

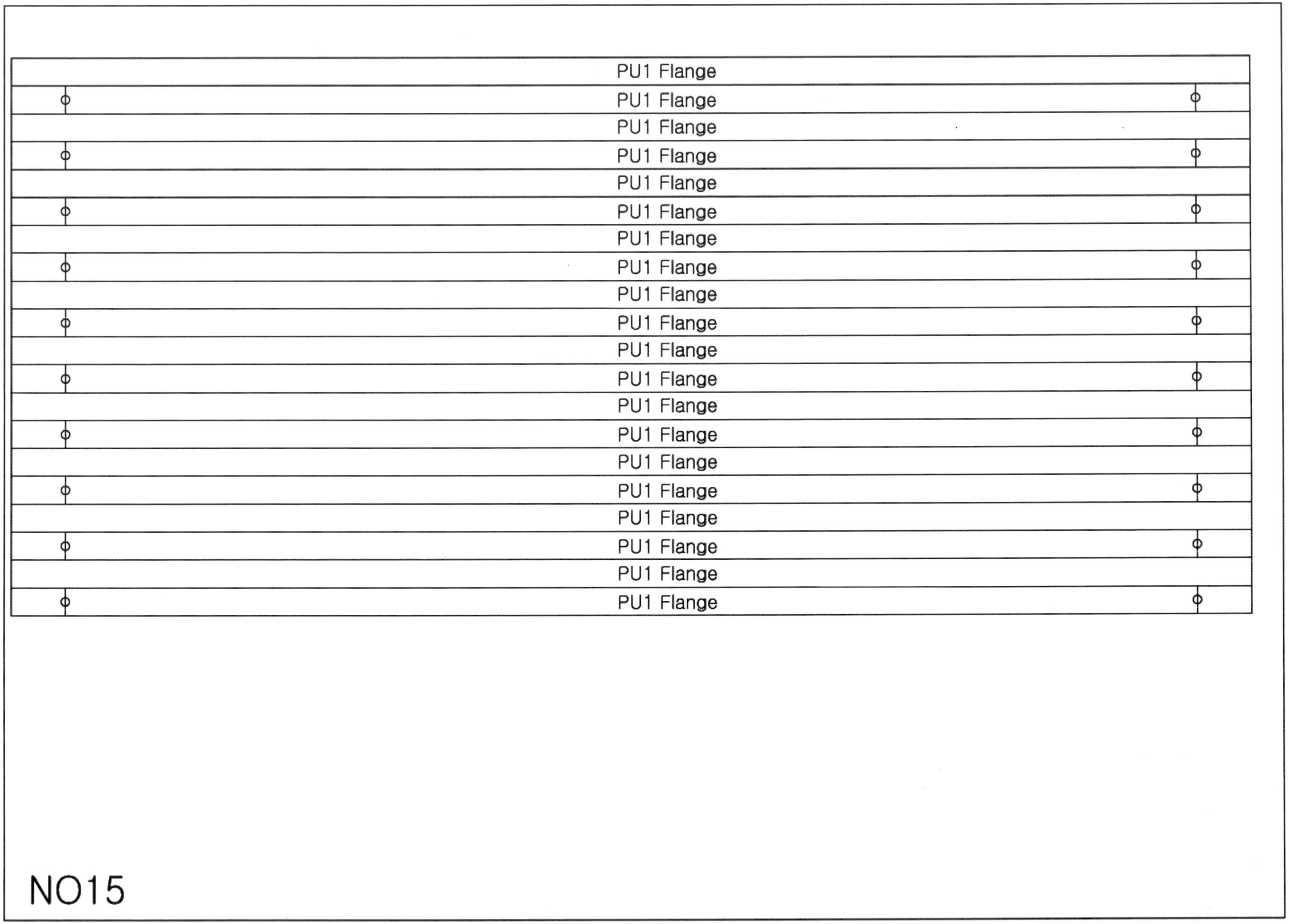

PU1 Flange
PU1 Flange
PU1 Flange
PU1 Flange
PU1 Flange
PU1 Flange
PU1 Flange
PU1 Flange
PU1 Flange
PU1 Flange
PU1 Flange
PU1 Flange
PU1 Flange
PU1 Flange
PU1 Flange
PU1 Flange
PU1 Flange
PU1 Flange
PU1 Flange
PU1 Flange

NO15

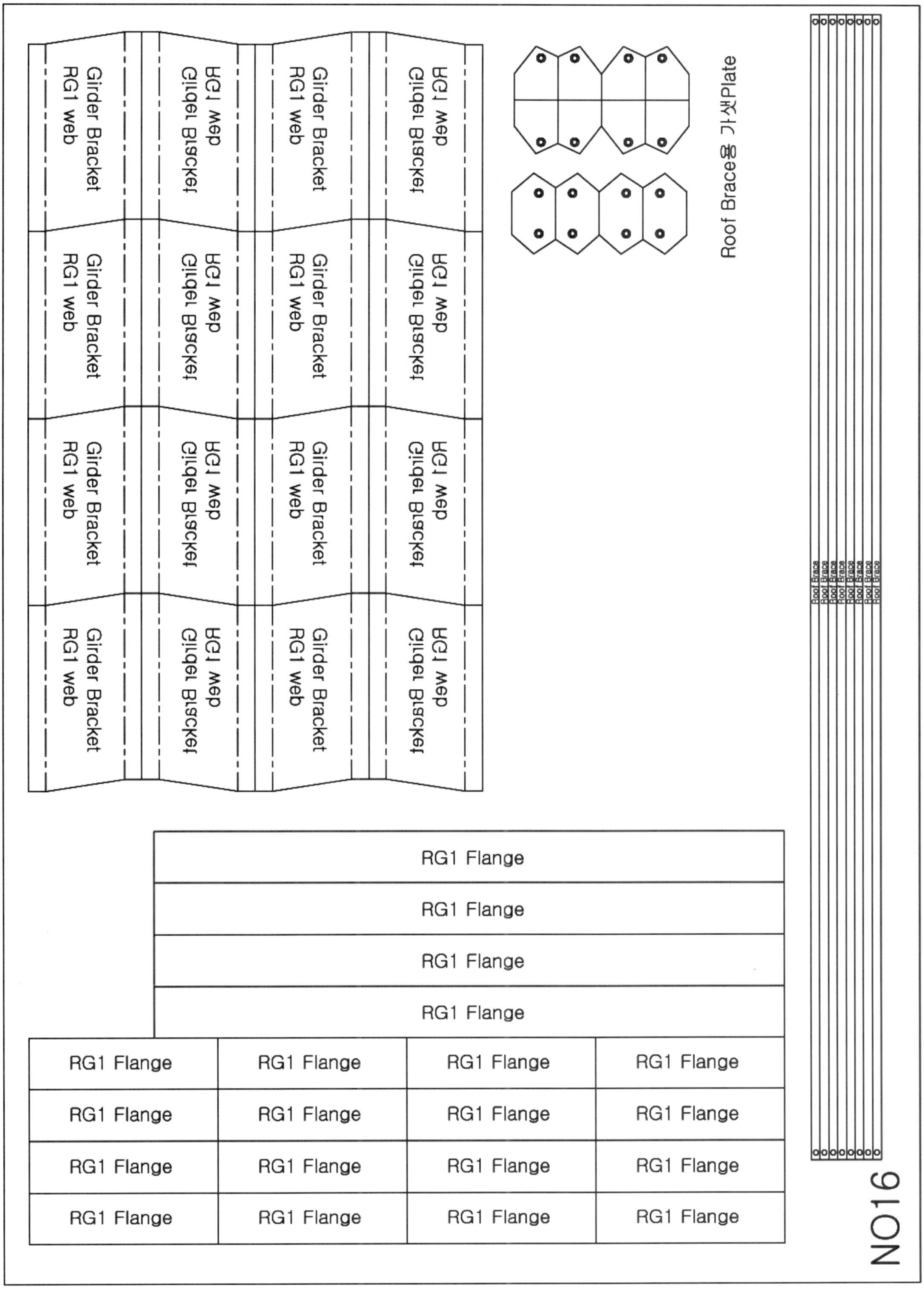

Girder Bracket RG1 web

Girder Bracket RG1 web

Girder Bracket RG1 web

Girder Bracket RG1 web

Girder Bracket RG1 web

Girder Bracket RG1 web

Girder Bracket RG1 web

Girder Bracket RG1 web

Girder Bracket RG1 web

Girder Bracket RG1 web

Girder Bracket RG1 web

Girder Bracket RG1 web

Girder Bracket RG1 web

Girder Bracket RG1 web

Girder Bracket RG1 web

Girder Bracket RG1 web

Roof Brace용 가셋Plate

Roof Brace

Roof Brace

Roof Brace

Roof Brace

Roof Brace

Roof Brace

Roof Brace

Roof Brace

RG1 Flange

RG1 Flange

RG1 Flange

RG1 Flange

RG1 Flange	RG1 Flange	RG1 Flange	RG1 Flange
RG1 Flange	RG1 Flange	RG1 Flange	RG1 Flange
RG1 Flange	RG1 Flange	RG1 Flange	RG1 Flange
RG1 Flange	RG1 Flange	RG1 Flange	RG1 Flange

NO16

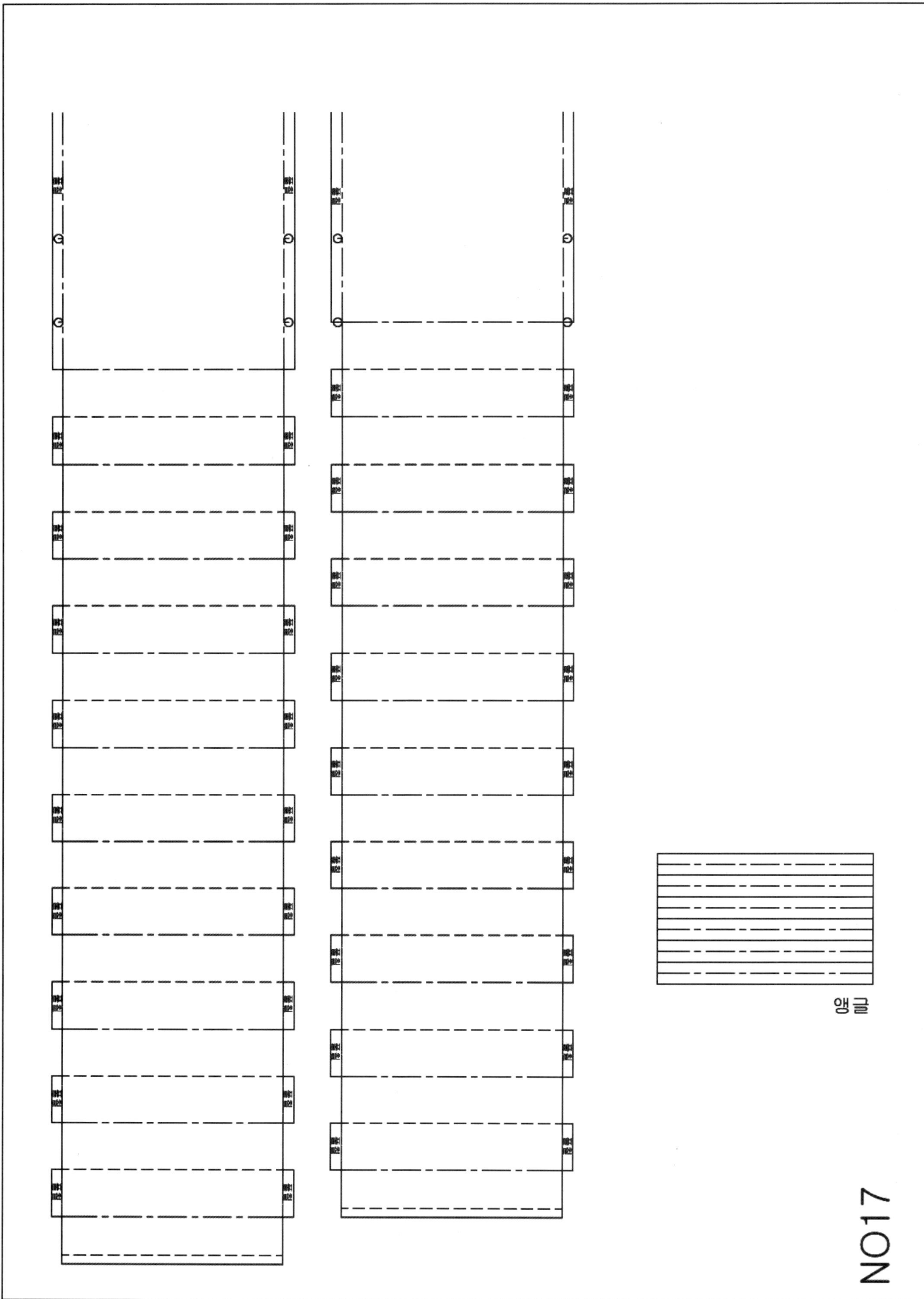
앵글
NO17

R층

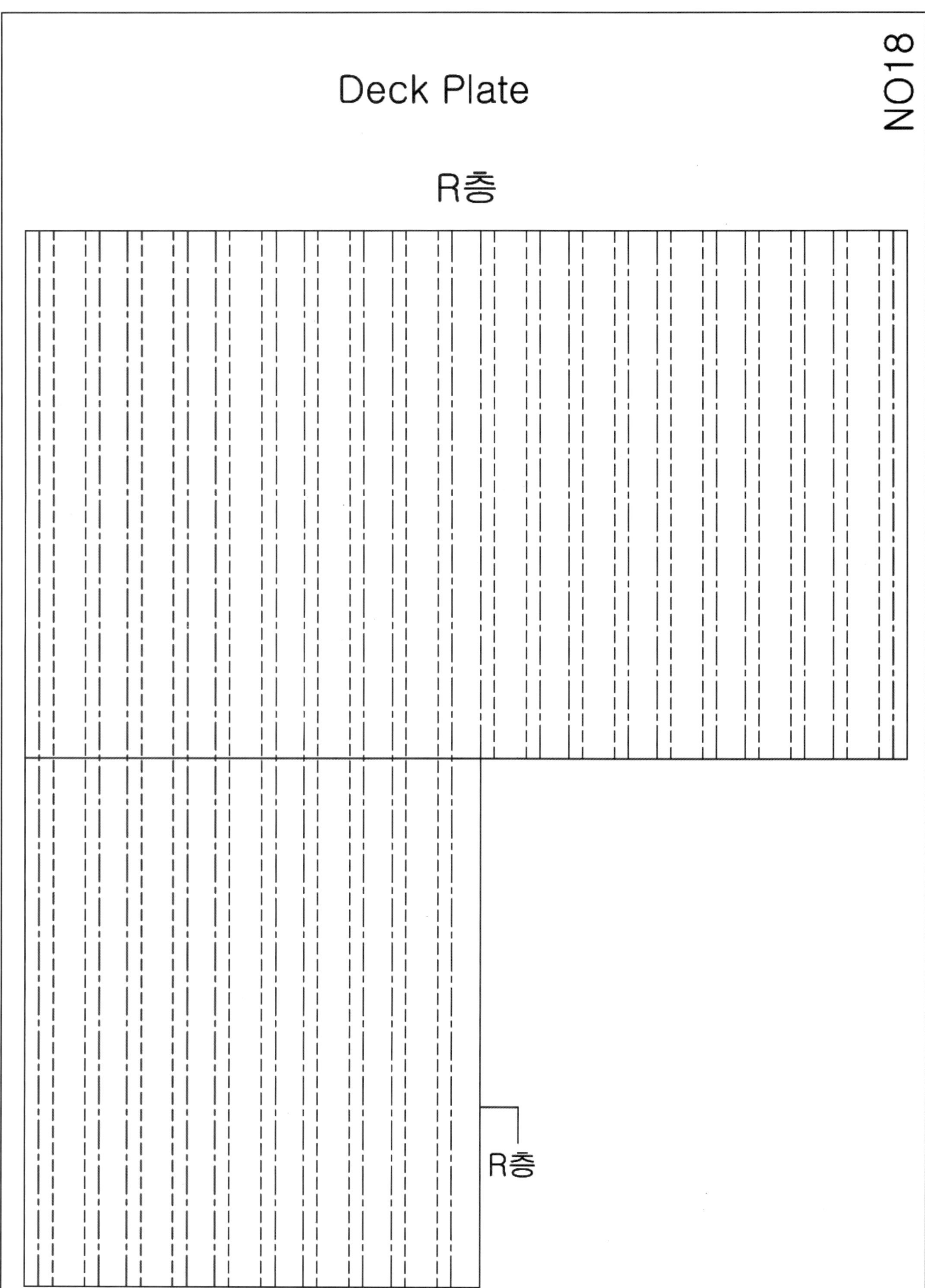
Deck Plate
NO18
R층
R층

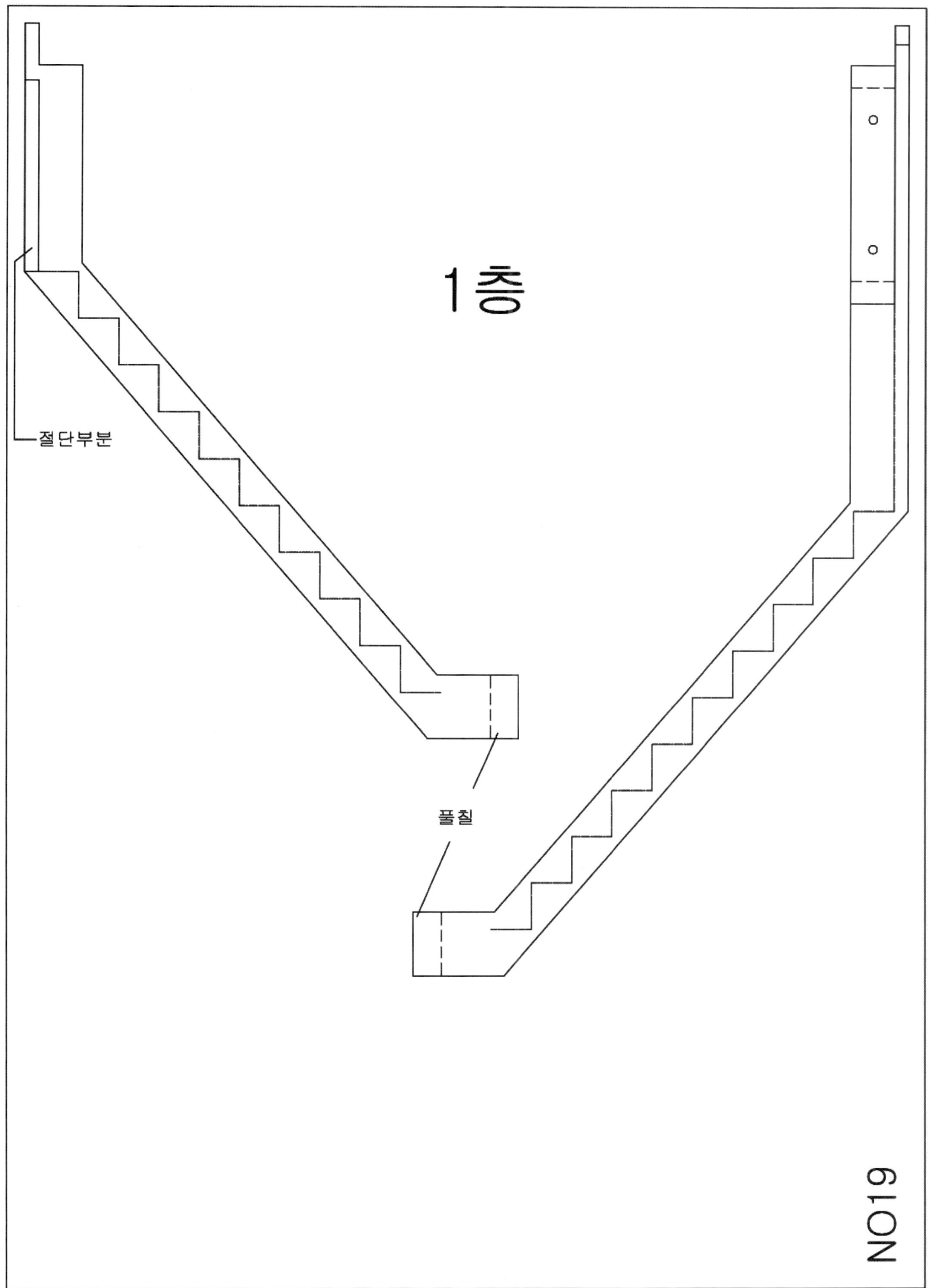
1층
절단부분
풀칠
NO19

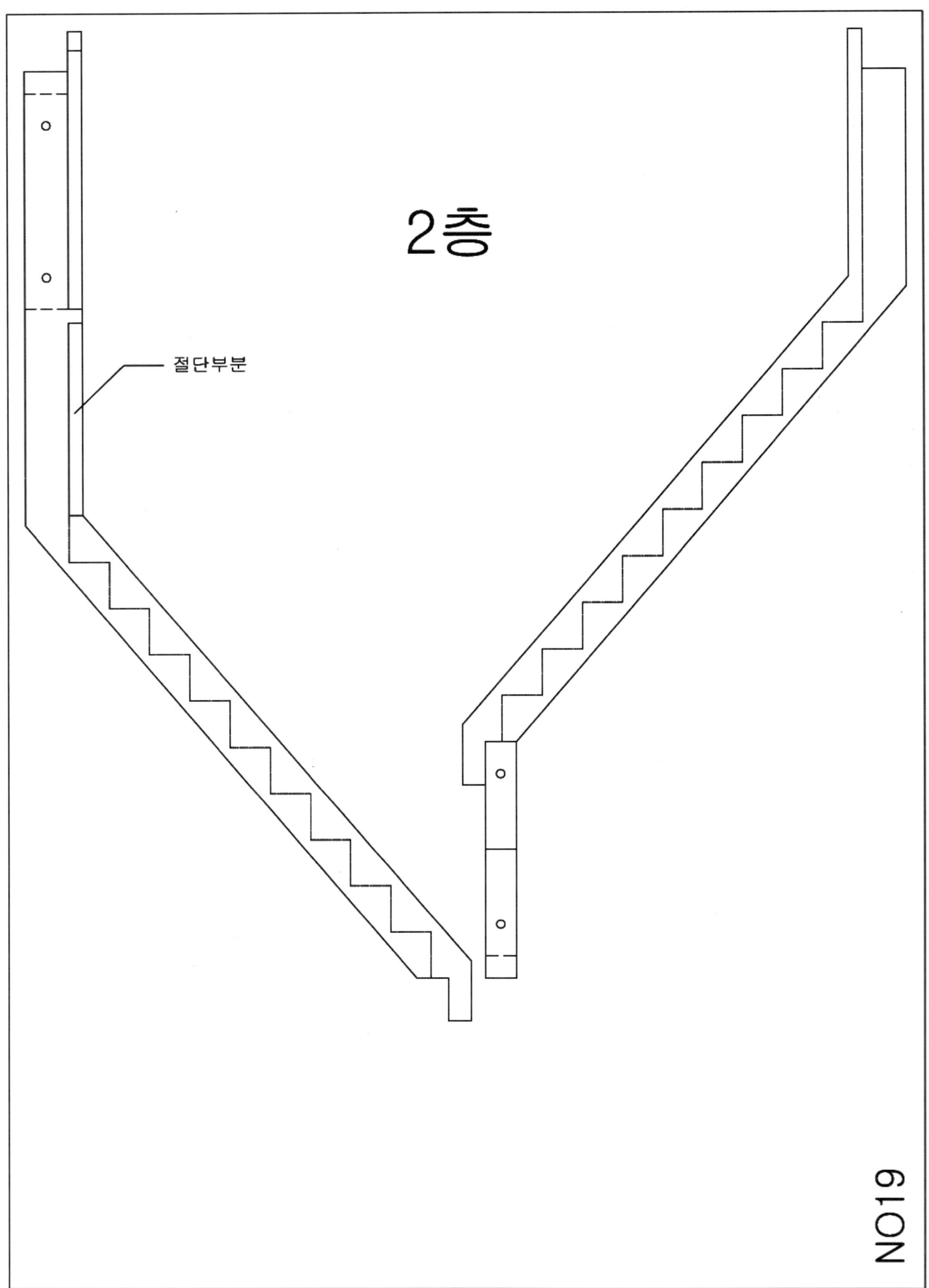
2층
절단부분
NO19

처음 만드는 강구조건축 모형

김종성
경북대학교 · 대학원 졸업
성균관대학교 대학원 박사과정 수료
일본 동경대학 대학원 공학박사(건축구조(강구조)전공)
(주)대한중석, 현대건축사무소 근무
한국강구조학회 부회장
중앙건설기술심의위원회 위원(국토해양부)
1980년부터 현재까지 경일대학교 건축학부 교수
e-mail ; jsk@kiu.ac.kr

〈주요저서 및 역서〉
건축구조 원리이해, 기문당
구조는 어렵지 않다, 기문당
철골구조 사고법, 기문당
건축, 구조디자인과 모형(공저)
강구조설계(공저)
철골구조 이야기

2008년 11월 5일 1판 1쇄 인쇄
2008년 11월 10일 1판 1쇄 발행

저 자 김 종 성
발행인 강 해 작
발행처 기 문 당
주 소 서울 성동구 공명길39
(하왕십리동 966-22)
전 화 2295-6171(代)~5
팩 스 2296-8188
출판등록 1976. 10. 7(1-44)
홈페이지 http : // 기문당
http : // www.kimoondang.com
I S B N 978-89-6225-085-5 93540
정 가 12,000원